扫码看视频·种花新手系列

铁线莲
初学者手册

CLEMATIS
A BEGINNER'S GUIDE

花园实验室 等 著

中国农业出版社

目录
CONTENTS

PART 1

铁线莲是什么样的植物？

铁线莲概述

铁线莲的身份小卡片
- 科/毛茛
- 属/铁线莲属
- 原产/中国、南欧、大洋洲、北美洲等地，由各地原生种杂交而成

　　铁线莲可以说是这几年让园艺爱好者特别钟情的植物，它飘逸而优雅的藤蔓，色彩丰富的花朵，盛开起来如同花海的壮观风情，吸引了众多的粉丝为之着迷。

　　铁线莲作为一种园艺植物进入中国的时间并不长，真正大规模的普及是在最近几年。最初，大多数铁线莲都来自欧美或日本的进口品种，所以很多花友会认为它是一种高贵的舶来品，在家里种植铁线莲也是一件十分洋气的事情。事实上，铁线莲真正的故乡就是在我们中国，现在世界上常见的铁线莲园艺品大多数是由原产中国北部的转子莲和原产中国南部的毛叶铁线莲、大花威灵仙经过杂交而成，所以美丽的铁线莲实际上是在世界各地兜了一圈又重归故里了。

　　当然，经过国外育种家们反复改良的铁线莲品种已经跟国内的原生种无论在外形还是特性上都有了很大变化，特别是在花色上的改良让铁线莲几乎拥有了所有的颜色，从大红、紫红到粉色、蓝色、白色，如果再包括原生种甘青铁线莲的艳黄色，可以说铁线莲是一种全色谱的花卉。再加上从单瓣到重瓣，再到牡丹形的极度重瓣，以及近几年流行的小铃铛形铁线莲，铁线莲的形态也是变化无穷，让人百看不厌。

　　在这本书里，我们就一起来探索铁线莲的秘密，欣赏铁线莲的美丽，并且学习如何栽培和呵护它吧！

铁线莲的分类

　　铁线莲的分类有很多方法，通常采用的有两种，一是根据血统来分类的方法，二是根据修剪方式来分类的方法。

按修剪方式	按系统	系统英文名*
一类	长瓣系	Artagene Group
	蒙大拿系	Montana Group
	东方和甘青系	Orientalis，Tangutica Group
	合生系	Connata Group、Flammula Group
	葡萄叶系	Vitalba Group
	卷须系	Cirrhosa Group
	海洋系	Ooeania Group、Babaeanthera Group
二类	早花大花系	Patens Group
	早花大花重瓣系	Patens Double Group
三类	晚花大花系 / 杰克曼系	Jackmanii Group
	佛罗里达系	Florida Group
	南欧系	Viticella Group
	得克萨斯系	Texensisi Group
	铃铛系	Viorna Group
	全缘叶系	Integrifolia Group
	大叶系	Heracleifolia Group

*部分系统没有正式译名，在此笔者草拟。

一类　早春铁线莲

叶片

一类铁线莲来自很多品种，所以叶片的形态也是千差万别，最常见的有质地软薄、锯齿边缘的长瓣铁线莲；蜡质光泽、肥厚长大的小木通；以及细裂成珊瑚状的春早知和银币。

植株

一类铁线莲以原生品种居多，只要气候适宜，就生长旺盛，所以需要为它们准备足够的生长空间。但是原生高山的铁线莲在我国大部分地区不会长得太大，例如长瓣铁线莲。

香气

一类铁线莲有不少有香气的品种，例如秋季开花的'甜秋'，冬季开花的单叶铁线莲等。

花

和叶子一样，一类铁线莲的花也是千姿百态。整体说来一类铁线莲的花不大，但是数量繁多，开放起来非常壮观，尤其是多年生的大株，甚至可以覆盖整面墙壁。

一类铁线莲有很多都来自原生品种，开花早，花量大，花色秀雅，充满了早春的空灵气息。

二类 早花大花铁线莲

香气

二类早花大花铁线莲铁线莲一般没有香气。

花

早花大花铁线莲的花形是所有铁线莲中最大的，也是最多重瓣品种的。特别是华丽型铁线莲，开花如同牡丹般雍容富贵，极具观赏性。

植株

早花大花铁线莲的植株中等，一般在2米左右，非常适合家庭阳台。最近还出现了专为盆栽而培育的大道系列，有的可以不用支架就能栽培。

叶片

二类早花大花铁线莲的叶子一般是椭圆形，质地柔软，有时带有细毛。叶片浅绿色，新叶有的泛红。如果营养状态不好，就有可能发黄。

三类 晚花铁线莲

香气

大多数没有香气。

花

晚花铁线莲的花形比较多样，有风车形、圆盘形，铃铛形，等等。但是整体相对二类花小，虽然有若干重瓣品种，例如绿玉、幻紫和典雅紫，多数是秀气素雅的小清新单瓣花。

植株

除了弗罗里达和得克萨斯系列外，其他都相对比较大型，而且耐热耐晒，不易得枯萎病，是非常适合南方花园的品种。

叶片

三类晚花大花铁线莲的叶子相比二类比较修长，颜色也偏深绿。另外三类中的得克萨斯系铁线莲和弗罗里达系铁线莲的叶片又各有特色。

铁线莲花园运用

木梯

　　铁线莲和杂货也可以搭配的很好，这株紫红的大花铁和古朴的木梯子十分和谐，为了确保铁线莲的攀爬，还设置了较细的竹竿来帮助藤蔓缠绕。

窗户

　　用支架把铁线莲牵引到窗前，造就如诗如画的景色。这里选用的是四季都可以开花的佛罗里达系铁线莲小绿，除了春天一季的盛花期，其它季节也有零星的花朵为窗户带来清新的亮点。

树木

　　攀缘在树木上的铁线莲蒙大拿，蒙大拿是接近野生的品种，花形秀气的同时花量巨大，和自然风格的桦树林十分搭配。

竹篱笆

　　充满野趣的意大利系铁线莲维妮莎和典雅紫与朴实无华的竹竿十分相配。

花园栅栏

　　玫瑰红色带条纹的花色与纯白花色铁线莲搭配组合，让栅栏更显夺目，洋溢着华美的气息。这是两种花期完全一致的铁线莲的组合。

　　5月是紫红色大花铁线莲的天下，其实头顶上还攀援着一株小木通苹果花，在早春时分大花铁线莲还没开放时，这里是粉白一片的柔美风景。

墙面

静谧的日式庭院一角。老旧的木板墙面与清秀的白色铁线莲花朵搭配得完美无
缺。品种是著名的白花重瓣品种爱丁堡公爵夫人。

拱门

原生种小木通开花是白色，一般在早春开放，开花后结出大量蓬松的果实，又别有一番野趣盎然的风情。

盆栽

正反不同颜色的大花铁线莲'面白'，正如它的名字一样正面白色，反面红色，是一个非常独特的品种。用口径 50 厘米的巨型陶缸栽培，再竖上竹竿做的塔架，宛若一件震撼人心的艺术品。

木架

沿着木门边缘攀爬的早花大花重瓣铁线莲'沃金美女'，娇美的花朵配上朴素的木柱，显得花团锦簇，异常绚丽。

PART 2

铁线莲的栽培基础

- 必备工具
- 栽种准备
- 选购

- 常见虫害
- 常见病害
- 盆土肥
- 生长方式

铁线莲的种植准备——盆器

✓ 适合铁线莲的花盆

　　总的来说铁线莲的地下部分非常发达，需要选择较为深的花盆，以便给根系留下充足的生长空间。

陶盆或瓦盆

　　陶盆透气性好，样式古朴，是非常适合铁线莲的花盆，注意选择有深度的陶盆。瓦盆则相对比较简陋，但是透气性也不错。

塑料盆/加仑盆

　　塑料盆轻便，容易搬动，透气性差，使用时要注意选择合适的尺寸，切忌苗小盆大。一般加仑盆用于铁线莲的一年苗，之后就可以更换到较大花盆或下地。

控根盆

　　控根盆是在塑料盆的底部开设了透气缝隙的花盆，设计独到，解决了塑料盆不能透气的问题，而且利于生根，是最近比较流行的花盆。

控根方盆

　　控根方盆和圆盆一样有透气效果，摆放起来节省空间，整齐划一，特别适合种植数量多、需要统一管理的爱好者。

✗ 不适合的花盆

瓷盆　瓷盆透气性差，沉重不容易移动，不适合大多数植物，铁线莲也在其中。

木盆　木桶的透气性很好，但是很容易腐烂，腐烂后产生的细菌会导致白绢病或枯萎病，最好避免木盆。

铁皮盆　透气性差，不适合铁线莲。

铁线莲的种植准备——工具

水壶

长嘴水壶较为实用，特别是花盆多，堆放密集的时候用长嘴水壶浇水更方便。

铲子

可以准备大型和小型两种铲子，大的用于拌土，小的用于为盆栽松土。

花剪

剪除残花用，也可以选择头较尖的家庭剪刀代替。

网片　网片非常适合铁线莲，在大型花盆里插入网片，打造出富有立体感的盆栽。

喷壶

为铁线莲喷药时用，一般家庭使用 1～2 升的气压喷壶较为实用，

修枝剪

修枝用，相比普通剪刀，修枝剪对枝条的伤害较少，不会发生劈裂等情况。

园艺扎线

用于牵引和绑扎，常见有金属扎线，麻绳和包塑铁丝。金属扎线方便耐用，但是可能会对枝条产生伤害。麻绳对植物最安全，大约在一年后腐朽，也可以结合冬季牵引更换。

铁线莲的种植准备——土/基质

泥炭

　　泥炭是远古植物死亡后堆积分解而成的沉积物，质地松软，吸水性强，富含有机质，特点是透气，保水保肥，常见的泥炭有进口泥炭和东北草炭。泥炭本身呈酸性，一般在使用前会调整到中性。

珍珠岩

　　珍珠岩是火山岩经过加热膨胀而成的白色颗粒，无吸收性，不吸收养分，排水性好。

赤玉土

　　来自日本的火山土，呈黄色颗粒状，有大中小粒的规格，保水，透气，常用于多肉栽培，有时也用于扦插和育苗。

蛭石

　　由黏土或岩石煅烧而成的棕褐色团块，结构多孔，透气，不腐烂，吸水性很强，不含肥料成分。通常与泥炭和珍珠岩配合使用。

陶粒

　　陶土烧制的颗粒，常用于水培花卉，大颗粒陶粒也用于垫盆底，防止花盆底部积水。

轻石

　　火山石，排水性好，颗粒有大、中、小，一般大颗粒用于垫盆底，小颗粒用于添加到基质里，有改善透气性的作用。可以替代珍珠岩。

园土

　　来自耕种过的田地的土壤，根据各地情况有黄土、黑土和红土，含有机质的成分也不同。园土容易结块，有时还含有杂菌，用于铁线莲盆栽最好先暴晒杀菌，打碎成颗粒后使用。

椰糠

　　椰糠是由椰子壳加工而成，本身不含养分，保水和透气性都不错，适合和珍珠岩一起使用。

草木灰

　　秸秆、稻壳烧制而成，重量轻，透气性好，基本不含氮，含有丰富磷、钾、镁等矿物质。未经清洗的草木灰呈碱性，添加时要注意。

　　铁线莲是肉质根，比较不耐积水，茎干也很纤细，一旦感染细菌很容易发生枯萎病，所以盆栽铁线莲的基质一般用泥炭、珍珠岩和蛭石配比而成，可以适当添加些赤玉土或园土增加重量和保水性，但不要使用树皮等有机材料。

常见配方

泥炭 4：珍珠岩 2：蛭石 1：赤玉土 1
椰糠 3：珍珠岩 2：赤玉土 2：轻石 1

铁线莲的购买

秋冬季10月至次年1月

春季4~5月

选购铁线莲的地点

本地花市或园艺店

可以现场看苗，挑选健康的苗，适合购买开花大苗。但价格较贵，品种选择不多。

网购

品种选择多，可以买到相对合理的价格，但邮寄途中可能损伤，不适合买特别大的苗。

裸根苗

裸根苗是经过洗根后出售的苗，这种苗便于运输和进出口，通常在休眠季节出售。

裸根苗比起普通盆栽苗有一定的栽培难度，但是根系状况一目了然，也不会出现换盆的土和原土不同而发生的根系问题，所以只要选对正确的时间和商家，裸根苗是不错的选择。

小苗/幼苗

小苗是当年扦插的苗，常在花友之间交换或赠送，有时也有些商家推出价格低廉的幼苗出售，一般来说，养育铁线莲的幼苗需要经验和耐心。

因为苗龄幼小，在运输途中常会发生叶子变黄等问题，栽培时也需要格外的呵护。例如冬季购买的小苗就需要防冻。拿到小苗后看看盆底，如果有较多根系出来就要立刻换盆，否则就再等等，等到小苗适应环境后再换。次年春天，可能会开出一到两朵花，在辨别品种后就应该立刻剪掉残花保留体力。

注意不要买到假货

淘宝是非常方便的购物场所，但是也同时有很多假货铁线莲，新手购买时要注意这一点。

判断的标准是：

• 购买之前询问有经验的花友，请他们推荐好的店铺。

• 尽量选择专卖铁线莲的网店，避免那些同时出售树木、绿植、碗莲等等大而杂的店铺。价格低于 20 元的需要慎重考虑。

翻看买家评论里的图片，看是否有黑褐色的裸根出现，如果有就是利用野生转子莲来蒙混的，请马上离开。

中苗

中苗一般种植在 5 升左右盆里，冬季买到的苗在休眠中，可能会完全没有枝叶，这时要保护好芽头，不要弄伤了。

大苗

大苗一般种在 10 升左右以上的花盆，通常在花期上市。

苗圃为了节省空间和方便运输，有时会将大苗种在比较小的花盆里，拿回家后要特别注意浇水，不可缺水，而换盆工作则最好留待开花结束以后。

肥料

铁线莲是喜好肥料的植物，虽然不施肥也可以勉强开花，但在肥料充足的情况下，开花数量多，植株更加茂盛。铁线莲一般在上盆时使用底肥，底肥可以选用发酵腐熟后的骨粉和鸡粪、羊粪，绝对不可以直接用生的粪肥。或者在拌土时添加魔肥、奥绿等缓释肥，也可以加些草木灰。

日常使用水溶肥追肥，春季萌芽抽枝开始追施氮肥较多的肥料，如花多多10号（氮磷钾30-10-10）；花苞发育阶段追施磷肥较多的肥料，如花多多2号（氮磷钾10-30-20）；其余时间可以使用均衡肥如花多多1号（氮磷钾20-20-20）追肥间隔一般是7~10天，没有严格要求。

铁线莲常用的有机肥有骨粉、粪肥、豆饼肥和草木灰等，特别是地栽苗，使用有机肥有利于改善土壤结构，不会造成泥土板结，在各个季节和生长阶段的使用量不一样，具体用量可以参见后文。

此外，土壤里添加些腐熟的堆肥能带来疏松的结构，并提供矿物质元素和丰富的微生物，对致病菌也有抑制作用。含海藻肥、甲壳素、腐殖酸的有机海藻液肥也是不错的选择，有兴趣的可以选择使用。

化学肥料

缓释肥

颗粒内的肥料通过缓释膜缓慢溶解释放出来，供植物根系稳定吸收，效果能维持3~6个月。

水溶肥

能迅速溶解在水中配制成一定浓度溶液使用，配制的浓度需控制在安全范围，不同植物类群浓度不同，大多数用800~1000倍液为安全，不同生长阶段所使用的种类不同，发芽期、快速生长期使用含氮较多的，花苞育成期使用含磷较多的，生长稳定期使用比例均衡的。

常见病害

铁线莲是病害较少的植物，但是有两大病害较为常见，一是白绢病，二是枯萎病，特别是枯萎病在每年春夏之交特别多见，让很多铁线莲爱好者都望而生畏。

白绢病

白绢病造成的腐烂，特征是白色绢丝状菌丝和球形菌核。当发现根系表面的菌丝和菌核时，为时已晚。白绢病是由小核菌侵入根系，直至根系表面土壤长出白色绢丝状菌丝，最后形成让人密恐的白色至黄褐色的菌核。白绢病的植物迅速全株蔫萎，当发现的时候也是晚期了。

枯萎病

枯萎病是由镰刀菌属真菌通过根系伤口或根表皮细胞进入植物体，向上活动至枝条基部的维管束，在此生长繁殖，逐渐堵塞运输水分和营养的通道。随着时间积累，堵塞部位开始坏死，上部枝条像被扼住喉咙已经危在旦夕，而由于发病期通常是高湿度无风的阴雨天，枝条并不会立刻萎蔫，你也毫无察觉。直到有一天，刮风或者出太阳，患病枝条终于脱水萎蔫，就像是一根被砍下的枝条那样死掉，严重的甚至蔓延到全株死亡。

铁线莲的病害预防

1. 在高发病阶段定期喷洒唑类杀菌剂抑制真菌，比如三唑酮、烯唑醇，药效 20~30 天，也就是每 20~30 天喷洒一次，消毒环境。

2. 配土的时候添加弱碱性的介质，比如草木灰，调节酸性土壤的同时还能补充钾肥。

3. 能避雨就避雨，在梅雨期间最好放在屋檐下，搬室内避雨也不可取，必须保证通风。

4. 添加无异味腐熟完全有机肥，包括粪肥和堆肥，可以提供微生物多样性，来抑制病原菌成长为优势。土壤中不要存在未腐熟的木质材料，比如支撑用的竹竿、树枝、木棍，还有生树皮（松鳞），这些是致病真菌滋生的温床，支撑使用包塑铁丝，使用腐熟松鳞或不使用松鳞。

发生了病害怎么办

枯萎病　及时剪掉枯萎的枝条，喷洒杀菌剂，放在通风的环境里。

白绢病　发病的植物和土一起扔掉，清理干净周边。避免土壤长期过湿，清理杂草枯枝等腐朽物，保持通风和相对整洁的环境。

这两种病的发病规律基本一致，当气温在 25~35 ℃、土壤 pH5~6、雨量大、空气湿度长时间 80% 以上时，病菌会快速增长。根据这些特点可以采取相应措施来降低发病率。

常见虫害

　　铁线莲的虫害偏少，只要平时多留意，高发期前提早预防就不会有大问题。

　　铁线莲的虫害，主要是螨类、潜叶蝇、蛾蝶类幼虫等，在于多观察尽早发现，早治疗。此外还可能发生根结线虫，危害根系，换盆时需要注意。

红蜘蛛

　　红蜘蛛是一种非常细小的螨虫，喜好干燥的环境，一般在一段时间的晴好、叶面干燥后出现，发现叶子表面有些小小的白点时，翻过叶子来背面有红色的小虫体，就是红蜘蛛为害。

　　红蜘蛛不可能永远杀绝，做好长期备战的准备，没事多翻翻叶背观察，一般在植株中下层叶片先发生。发现后可用苦参碱、阿维菌素等比较安全的药剂来防治，平时浇水的时候给叶背喷一点水也有效果。

潜叶蝇

　　潜叶蝇为害在春天发生率高，同样是多观察，幼虫在叶肉层穿梭取食，发现后手动捏死。如果发现晚了，叶片被吃得太厉害，可以整片叶摘除销毁。除非非常严重，可以不打药。

蜗牛和鼻涕虫

在雨季出没较多，啃咬花瓣，可以用杀蜗牛的药剂来对付。

铁线莲的常用杀虫药剂

　　吡虫啉　最常见的杀虫剂，对付潜叶蝇、蚜虫、白粉虱比较有效。

　　阿维菌素　最常见的杀虫剂，对付蚜虫比较有效。

　　苦参碱　植物成分的杀虫剂，比较适合在意家庭环境的花友。

　　杀螺剂　专用的蜗牛诱杀剂，放置在土壤表面可以诱杀蜗牛和鼻涕虫。

铁线莲怎么生长？

　　铁线莲是多年生植物，经过弱小的苗期和较长的生长期，最后进入强大的成熟期，很多花友在买到铁苗时总是恨不得一天就长大开花，其实国外有一句谚语说得好，铁线莲的生长是一年睡，二年醒，三年跳上屋顶。形象地说明了铁线莲在初期缓慢，后期迅速的生长过程。

　　下面我们就来看看各个阶段的小铁的样子，了解它的生长过程吧。

种子第一年

　　铁线莲的种子休眠期很长，园艺铁线莲很少用种子繁殖，但是一些原生种用种子繁殖也不会变异。种子苗看起来弱小，实际上非常皮实，只需要按普通铁线莲一样正常管理就可以慢慢长大开花了。到开花大约需要两到三年。

扦插第一年

　　一般来说铁线莲都是在春末夏初扦插，生根后经过一个夏天的生长，秋天的铁线莲就会发出两根侧芽，健壮的小苗侧芽有力，有时还会长出藤子，体力较弱的苗只能保持两片叶子的状态，经过一个冬天的修养，在春季才发出侧芽。特别虚弱的苗则可能无法度过寒冬而死去。

扦插第二年

　　真正长过两个冬季后，铁线莲开始进入爆发式生长，根系会迅速增加，枝条上的芽头和未来的枝条数量都会大量增多，此时的5升左右的盆已经不适合它的生长，有时会盘根得非常厉害。这时可以直接下地，也可以换到15升左右的花盆里盆栽观赏。

扦插第三年

　　经过3个冬天的铁线莲应十分成熟，枝条可以达到十多根，开花数也十分惊人。

地栽

　　地栽的铁线莲可以说是终极的理想状态。

盆栽大苗

　　铁线莲的盆栽大苗可以达到非常壮观的花数，但是前提是足够的土壤和肥料支持。需要每年打掉一部分土和根系，更换全新的基质和肥料。如果不希望铁线莲长得太大，也可以通过分株来减小铁线莲的体积。

PART 3

12 月管理

1月在南方山间开花的单叶铁线莲，白色铃铛花，芳香，非常优美。

1月

一月通常是一年中最寒冷的季节。这个季节放在户外的大多数铁线莲都落尽了叶片，进入冬季休眠。同时，冬季也是铁线莲在沉睡中积蓄能量，为春天爆发式开花做准备的季节，所以正常情况下，我们都应该让铁线莲在冬季户外经受寒冷，而不要因为过分呵护而把它们拿进家来。

一月也是铁线莲苗到货的时候，很多裸根苗会率先到货，裸根苗需要立刻栽种，栽种后则根据裸根苗的状态，决定放置的地点。一般铁线莲休眠的芽头耐寒，无须放在室内，而已经提前发出的的芽头不耐寒，需要放无暖气的室内阳台避霜，给予一定的保护。那种两三条根的裸根苗，如果空气温度高于土温，会催发早芽，不利于生根，所以就算放室内，室温也不能太高，要放在在10℃左右的地方，晴天要注意环境的通风换气。

在寒冷地区如果出现大雪，枝条可能会被积雪压坏，要做好维护工作。一部分不耐寒常绿品种也最好拿到封闭阳台里或避雨雪的屋檐下来。

本月关键词

● 防寒

● 铁线莲的状态：落叶（常绿品种除外，部分品种开花）

● 概论

工作要点

✓ 是否做好防寒工作？

✓ 是否将新买的小苗放在合适的地点？

盆栽放置地点

大部分一类铁线莲都比较耐寒，可以放在日照好的户外南侧到东侧的阳台、屋檐下，避免寒风侵袭和过分干透。不要放室内。如果是秋季新买的小苗在寒潮来临时最好拿进室内。

1月是卷须铁线莲开花的季节，可以看到可爱的铃铛形小花随风飘拂，让寒冷的冬季瞬间亮丽起来。

浇水

冬季持续晴天，保持干燥，每月3~4回在晴暖的上午浇透水。地上部分看似枯死，但也不可过于干。

肥料

不施肥。

整枝、修剪、牵引

一类铁线莲是不需要冬季修剪的，但是可以剪掉枯枝收拾干净。

种植、移植

不适宜，如果新买了带土的盆栽小苗，因为扦插苗根系较弱，要拿进室内管理。铁线莲的进口裸根苗在1月到货的情况很多，这时应当立刻栽种好，未萌发不需要放在室内避霜管理。

防寒对策

避免盆子干透，避免在寒潮来临前浇水，防止盆土冻结。可在盆土上铺上3~5厘米的泥炭，稻草或腐叶土。花盆放置在向阳处，即使夜晚会有短暂的盆土冻结，第二天出太阳后会很快解冻。

PART 3

12月管理....

在寒冷的一月，小木通的花蕾在膨大

1月 二类铁线莲管理 ·····················

盆栽放置地点

朝东南侧的阳台或屋檐下，避免寒风侵袭和过分干透。不要放在室内。如果是秋季新买的小苗在寒潮来临时需要拿进室内，寒潮过后放回室外。

浇水

冬季持续晴天，土壤干燥，每月3~4回在晴暖的上午浇透水。这时的二类铁线莲地上部分看似枯死，其实还需要适当的水份，不可过干。

肥料

不施肥。

整枝、修剪、牵引

早花大花品种为了美观可以除掉枯叶和枝条顶部细弱枯枝，至于修剪则是等到2月份时根据新芽饱满程度再剪比较合适。

种植、移植

不适宜。如果新买了带土盆栽的小苗，因为扦插苗根系较弱，要拿进室内管理。铁线莲的进口裸根苗在1月份到货的情况很多，这时应观察裸根苗的芽头，如果已经发出芽头，就应该立刻栽种好，放在室内管理；如果芽头没有发出来，除非气温降到 −4~−5℃，一般不需要放室内。

防寒对策

避免盆子干透，避免在寒潮来临前浇水，防止盆土冻结。可在盆土上铺上3~5厘米的泥炭，稻草或腐叶土。花盆放置在向阳处，即使夜晚会有短暂的盆土冻结，第二天出太阳后会很快解冻。

修剪之前如呈一团乱麻的铁线莲，这种情况可以适当除掉枯枝和细弱枝

盆栽放置地点

日照好的户外南侧到东侧的阳台，屋檐下，避免寒风侵袭和过分干透。不要放室内。如果是秋季新买的小苗在寒潮来临时需要拿进室内，寒潮过后放回室外。

浇水

冬季大多数三类铁线莲都枝干枯萎，进入休眠，这时对水份的需求很少，要稍微偏干燥，每月2回在晴暖的上午浇透水。三类铁线莲的枝干都是完全枯萎后休眠，芽头在地下生长，不要错以为铁线莲已经死掉了。

肥料

不施肥。

整枝、修剪、牵引

大多数三类铁线莲的地上部分都已经完全枯萎，即使部分品种没有枯萎，也可以下狠心把它们保留土上2~3节其余剪掉，这样修剪能促进春天新枝生长，有利无弊。

种植、移植

不进行。如果新买了带土盆栽的小苗，因为扦插苗根系较弱，要拿进室内管理。铁线莲的进口裸根苗在1月份到货的情况很多，这时应观察裸根苗的芽头，如果已

经发出芽头，就需要立刻栽种好，放在室内管理；如果芽头没有发出来，除非气温降到 −4~−5℃，一般不需要放室内。

防寒对策

避免盆子干透，防止盆土冻结。可在盆土上铺上3~5厘米的泥炭、稻草或腐叶土。

南方地区的铁线莲经常处于常绿状态，例如这株'维尼沙'直到1月都没有落叶的迹象

新买的小苗发出幼嫩的芽头，每个铁线莲的芽头样子也不一样，可以仔细观察

2月

这个月的铁线莲芽头在继续长大，像小木通这类的花芽已经膨大得非常可爱，让人感受到春天的气息，下旬以后各种二类早花铁线莲的芽会变绿，就可以看出哪根枝条还活着。根据品种开花期不同，花芽的着生方法也不同，要仔细观察过冬的枝条再进行牵引。常绿品种例如云南铁线莲会开出白色的铃铛花。

这个月是修剪、牵引和移栽铁线莲的月份，也就是通过修剪把枯枝败叶都清理干净，再将枝条重新盘绕固定好，给铁线莲的春季大爆发创造条件。

本月关键词

◉ 修剪

◉ 铁线莲的状态：落叶（常绿品种除外，冬花铁线莲开花）

工作要点

✓ 是否按照各类铁线莲的修剪方法进行了修剪？

✓ 是否将枯枝败叶清理干净了？

✓ 秋季没有换盆的苗是否完成了换盆和移栽？

冬季开花的卷须铁线莲'圣诞铃'
结出毛茸茸的种子

盆栽放置地点

适宜放在日照好的户外南侧到东侧的
阳台或屋檐下，避免寒风侵袭。不要放
室内。

部分常绿品种过于寒冷会冻死，或者
叶子会变红，这些品种应放在明亮的室内，
保证白天通风换气。

浇水

持续干旱无降水的话每周一次在晴暖
的上午浇透水。

肥料

盆栽不施肥，可以一周浇灌一次水溶
肥来补充开花消耗的养分；地栽苗在中下
旬把发酵豆饼和骨粉等量混合，每株施用
2把。在距离根部30厘米处挖坑施肥。

整枝、修剪、牵引

一类铁线莲在冬季不修剪，开过花的
卷须铁线莲和云南铁线莲，可以剪掉残花，
清理干净。

种植、翻盆

冬季的移栽期，在藤条伸展之前进行，
和修剪一起也可以。

2 月 二类铁线莲管理 ·······················

上个月新买的裸根苗开始发出新芽，幼小的芽头需要细心呵护，不可碰伤

盆栽放置地点

适宜放在日照好的户外南侧到东侧的阳台或屋檐下，避免寒风侵袭。不要放室内。

浇水

持续干旱的话，每周一次在晴暖的上午浇透水。

肥料

盆栽不施肥。

整枝、修剪、牵引

可参照冬季修剪专题来进行。观察每个节上芽头的状况，很容易判别枝条的生死，如果修剪太晚，新藤会缠到枯枝上，难以除去枯枝，影响美观。

种植、翻盆

冬季的移栽期，在藤条伸展之前进行，和修剪一起也可以。

2月 三类铁线莲**管理** ·······················

三类铁线莲有很多都没有落叶，如果是图片这样的小苗，就可以等待它自己枯萎

盆栽放置地点

适宜放在日照好的户外南侧到东侧的阳台或屋檐下，避免寒风侵袭。不要放室内。

浇水

休眠期间保持干燥，持续干旱的话，每周一次在晴暖的上午浇透水。

肥料

盆栽不施肥，地栽苗在中下旬把发酵豆饼和骨粉等量混合，每株施用2把。在距离根部30厘米处挖坑施肥。

整枝、修剪、牵引

可参照冬季修剪专题来进行。有的三类铁线莲不休眠，但也需要强剪为宜。不剪的话新枝会从老枝上发出来，根部发枝少，植株主干容易老化。如果修剪太晚，枝条中部和上部芽点萌发抽枝，又不得不剪时就白白浪费养分。

种植、翻盆

冬季的移栽期，在藤条伸展之前进行，和修剪一起也可以。

3月底是早春的常绿铁线莲开花的时节，清新的绿白系小花异常动人

3月

3月是铁线莲生长中非常关键的月份，这个月份要做的工作也格外多。随着气温升高，冬季看起来好像枯枝一样的铁线莲蓦然焕发出生机，叶腋间的芽头日益膨大，可能很多人在这个时候才意识到："原来我的铁线莲没有死啊！"

下旬，温暖地区的铁线莲生发出新叶，幼嫩的枝条开始寻找各式各样的支撑物，一不小心就会爬到根本想不到的地方。例如头天晚上忘了收拾而放在花园的铁锹，第二天把手就会攀上小铁的枝条。所以要赶紧为小铁准备支架，避免长得混乱。

这时候的小铁就像新生的婴儿异常可爱，但同时也需要我们格外细心的呵护。首先是气温升高蒸发加剧，浇水一定要彻底，一旦看到盆土表面发白干燥，就要立刻补水，否则就会枝梢蔫软。

本月关键词

● 浇水

● 铁线莲的状态：开始恢复生机，萌芽

工作要点

✓ 没有完成冬季修剪的一定要在中旬之前完成。

✓ 是否充分浇水？

✓ 是否准备好支柱？

盆栽放置地点

即将迎来花期的一类铁线莲，必须放在全日照的向阳处。

浇水

蒸发加剧，容易缺水，特别是常绿类的铁线莲一定要及时补水。

肥料

氮磷钾等分（10-10-10 或 14-14-14）的缓释肥按说明使用。

整枝、修剪、牵引

早春的品种，例如苹果花、'春早知'、'银币'等开始开花，这些品种相对花色淡雅，花形小巧，非常适合剪切下来搭配早春的球根花卉制作插花。特别是'春早知'和'银币'等比较纤细的品种，在夏季高温期常常被迫进入休眠，所以春天的生长季节弥足珍贵。及早剪花，让植物保持充分的体力也是对它们的一种呵护。

种植、翻盆

通常可以购买到已经开花的早春铁或是即将开花的长瓣铁的花苗，购买后保持原状欣赏，移栽和修剪等操作都等到花后进行。

病虫害

叶子上出现一道道的白色痕迹，就是潜叶蝇为害的标志，这时翻过叶子就可以找到害虫，直接用指甲掐死。

黄绿色花朵的常绿铁线莲'小精灵'，正如它的名字一样精灵可爱

二类铁线莲管理 ·····················

新枝条生发出来，如果没有牵引，会彼此缠绕

盆栽放置地点

进入生长期的二类铁线莲，必须放在全日照的向阳处。

浇水

蒸发加剧，容易缺水，要及时补水。

肥料

按说明使用氮、磷、钾等分（10-10-10 或 14-14-14）的缓释肥，也可以 5 升左右盆使用 10 克左右发酵好的骨粉等有机肥。

整枝、修剪、牵引

上月没有修剪完成的必须在上旬完成工作，否则新芽发出就不能修剪了。生发出的新枝条要及时帮助牵引，避免长得彼此缠绕。

种植、翻盆

可以购买到刚刚萌芽的盆栽花苗，购买后及时上盆，注意不要弄伤已经萌发的新芽。栽好后立刻设置支架。

病虫害

下旬开始出现蚜虫和潜叶蝇，蚜虫特别喜欢吸食嫩芽的汁液，发现后要立刻喷药。潜叶蝇则可以手工驱除。

3 月　三类铁线莲**管理** ∙∙∙∙∙∙∙∙∙∙∙∙∙∙∙∙∙∙∙∙∙∙

三类铁线莲的发芽一般比二类晚，但是一旦发出就生长迅速，昨天看还是小小的芽头，一转眼就可能长到一尺多高

盆栽放置地点

进入生长期的三类铁线莲，必须放在全日照的向阳处。

浇水

蒸发加剧，容易缺水，要及时补水。

肥料

氮、磷、钾等分（10-10-10 或 14-14-14）的缓释肥按说明使用，也可以用发酵好的骨粉等有机肥，5升左右盆使用10 克左右。

整枝、修剪、牵引

上月没有修剪完成的必须在上旬完成工作，否则新芽发出就不能修剪了。如果新芽发出，要做好牵引。

种植、翻盆

可以购买到刚刚萌发的盆栽花苗，购买后及时上盆，注意不要弄伤已经萌发的新芽。栽好后立刻设置支架。

病虫害

下旬开始出现蚜虫，蚜虫特别喜欢吸食嫩芽的汁液，发现后要立刻喷药。

4 月的铁线莲初花。奶油色的'格恩西岛'通常是最早开花的那一批铁线莲

本月是铁线莲恢复生长并开出初花的季节。俗话说春雨贵如油，在春雨的滋润下，铁线莲的长势惊人，每天都可以看到新枝条的伸长，柔嫩的叶子在网片或支架上不断地卷绕上行，生机勃勃，非常喜人。

清明节过后，我国大部分地区都正式入春，继早春的铁线莲之后，长瓣铁线莲也开放出优雅的花朵，到了下旬，通常可以看到早花大花铁线莲的初花。

这个月份最重要的工作就是牵引和盘枝条，因为小铁的生长非常快速，偶尔几天懈怠就会发现枝条已经彼此缠绕，很难把它们再盘成理想的状态。在盘枝的时候要小心操作，避免弄折断铁线莲的枝条。

同时，4 月也是病虫害开始肆虐的季节，蚜虫是最常见的害虫，一旦发现就要喷药驱除。

本月关键词

● 牵引，盘枝

● 铁线莲的状态：旺盛生长，开始开花

工作要点

✓ 是否做好牵引？

✓ 是否充分浇水？

✓ 是否检查了病虫害？

月 **一类铁线莲管理** ....

盆栽放置地点

花期全盛的一类铁线莲，尽量放在全日照的向阳处。如果为了延长花期和近距离观赏，可以偶尔拿进室内几天，但是一定要保证通风。

浇水

蒸发加剧，容易缺水，特别是正在开花的铁线莲一定要及时补水。

肥料

花后，按说明使用氮、磷、钾等分（10-10-10 或 14-14-14）缓释肥。

整枝、修剪、牵引

冬花和早春品种开花结束后，及时剪掉残花，避免结种子。植株巨大生长旺盛的小木通花后会结出种子，圆球形的种荚观赏价值也很高，因为本品不存在二次开花的问题，在确保植物体力的前提下，可以留下种荚欣赏。

种植、翻盆

可以购买到正在开花的铁线莲花苗，开花结束后及时换盆，注意不要弄伤枝条。

病虫害

修剪时切忌弄折断枝条，虽然大部分铁线莲枝条在折断后并不会立刻死掉，但是伤口处很容易感染细菌，造成日后枯萎病，特别是纤细的一类铁要格外注意。

蚜虫大量出现，一旦发现要立刻驱除，偶尔雨后也有蜗牛出没，啃食新芽和花瓣，可以放置驱除蜗牛的专用药剂诱杀。

白色的常绿铁线莲'银币'

4月 **二类铁线莲管理** ·········

盆栽放置地点

即将迎来花期的二类铁线莲，必须放在全日照的向阳处。

浇水

蒸发加剧，容易缺水，一定要及时补水。

肥料

氮、磷、钾等分（10-10-10 或 14-14-14）缓释肥按说明使用。

整枝、修剪、牵引

要随时观察新生的铁线莲枝条，最初横向拉伸，然后通过扎带和绳子帮助它们盘绕到合适的位置，一般来说，最适合开花的高度应该在和视线平齐或稍微向上，尽量让开花枝条处在这个高度。

种植、翻盆

可以购买到带有花苞的花苗，购买后保持原盆，等花后再进行移栽处理。

病虫害

牵引时切忌弄折断枝条，虽然大部分铁线莲枝条在折断后并不会停止生长，但是伤口处很容易感染细菌，造成日后枯萎病的隐患。

蚜虫大量出现，一旦发现要立刻驱除，偶尔雨后也有蜗牛出没，啃食新芽和花瓣，可以放置驱除蜗牛的专用药剂诱杀。

初花的早花大花铁线莲，放在阳光好的地方的盆栽通常率先开花

三类铁线莲管理 ·····················

盆栽放置地点

即将迎来花期的三类铁线莲，必须放在全日照的向阳处。

浇水

蒸发加剧，容易缺水，一定要及时补水。

肥料

氮、磷、钾等分（10-10-10 或 14-14-14）缓释肥按说明使用。

整枝、修剪、牵引

三类铁的枝条长势格外旺盛，节间也很长，有的可以达到30~40厘米，如果放任生长，很快就会彼此缠绕，混作一团。所以要随时观察，最初横向拉伸，然后通过扎带和绳子帮助它们盘绕到合适的位置，一般来说，最适合开花的高度应该在和视线平齐或稍微向上，尽量让开花枝条处在这个高度。

种植、翻盆

可以购买到带有花苞的花苗，购买后保持现状，等花后再进行移栽处理。

病虫害

蚜虫大量出现，一旦发现要立刻驱除，偶尔雨后也有蜗牛出没，啃食新芽和花瓣，可以放置驱除蜗牛的专用药剂诱杀。

除了需要牵引的藤本铁线莲，三类铁线莲里还有这样的直立性铁线莲，虽然没有藤蔓，但是任由生长也会倒伏，所以最好用铁圈或番茄架适当支撑

PART 3

12 月管理 ·····

45

5 月是铁线莲竞相开放的时节，各种美花大量盛开

5月

终于到了铁线莲的全盛花期，从月初开始，各种早花大花铁线莲竞相开放，异常绚丽。到了中旬以后，晚花品种也进入花期，可以说这是铁线莲爱好者最幸福的月份。

同时，各地的公园和园艺中心也都有不同规模的铁线莲展，也是铁迷们相约出游，花友赏花的好季节。

忙碌的五月天，要做的工作也不少，首先是剪除残花，大量的残花凋谢后容易发霉，造成灰霉病。然后是花后的修剪，为了在初夏时分开出第二轮花，花后的修剪和追肥非常重要。最后还有随着气温升高日益增多的病虫害，需要我们时刻关注，及时发现和处理。如果不是特别在意有机栽培，也可以和月季一样，进行定期的喷洒药剂预防。

在欣赏美花的同时，切实做好这些工作，心爱的小铁才会带给我们长时间的美好和灿烂。

本月关键词

◉ 赏花
◉ 铁线莲的状态：大部分开花

工作要点

✓ 是否修剪了残花？
✓ 是否进行了花后修剪和追肥？
✓ 是否进行了消毒工作？

一类铁线莲管理 ·······················

盆栽放置地点

开花结束重新生长的一类铁线莲，适合放在全日照的向阳处。

浇水

蒸发加剧，容易缺水，一定要及时补水。一般 1~2 天 1 次。

肥料

花后修剪结束，添加氮、磷、钾等分（10-10-10 或 14-14-14）的缓释肥，按说明使用。或是发酵好的骨粉，5 升左右盆 10 克左右。

整枝、修剪、牵引

一类铁线莲是老枝条开花，冬季是不能大幅修剪的，如果有的株型不好需要修整，这个季节是最适宜的。同时为了繁殖需要剪掉一些强壮的枝条，也是在此时剪下为宜。

重新恢复生长的新枝条，要及时进行牵引。

种植、翻盆

上个月买到的开花苗，在花后就可以进行翻盆移栽工作了。

病虫害

一类铁线莲容易发生枯萎病，修剪和移栽操作时要特别注意防止制造伤口，导致细菌入侵。

繁殖

本月适合进行花后扦插，特别是针对一些不耐热的品种，等到梅雨季节再扦插就会遭遇高温，造成小苗死亡，所以最好在本月进行。

开花结束的长瓣铁线莲，要及时剪掉种荚，避免浪费体力

5月 二类铁线莲管理 ·····················

盆栽放置地点

即将开花的二类铁线莲，适合放在全日照的向阳处。但是盛开后可以放到半阴处延长花期。

浇水

蒸发加剧，容易缺水，一定要及时补水。一般每天一次。

肥料

花期用氮、磷、钾（5-10-5）液体肥500倍液每周一次，代替水来浇灌。花后修剪结束，添加氮、磷、钾等分（10-10-10或14-14-14）缓释肥，按说明使用。或是发酵好的骨粉，5升左右盆10克左右。

整枝、修剪、牵引

花后和冬季一样进行轻度修剪，在剪后补充肥料，大约经过两个月的生长，小铁就会再度开花了。很多人会把铁线莲和月季种在一起，相互缠绕，而月季的花期会相对较晚，在修剪时会有些难度，要小心操作。

种植、翻盆

上个月买到的开花苗，在花后就可以进行翻盆移栽工作了。本月新买的开花苗，暂时放置等待花开结束。

病虫害

本月开始有红蜘蛛出现，叶子表面出现一粒粒小白点，翻过背面就可以看到极其细小的红色虫体。红蜘蛛非常顽固，需要持续打药，而且打药时要正反两面都打到。

铁线莲修剪造成的伤口容易诱发枯萎病，在花后修剪时要选择晴朗干燥的天气，不要雨天修剪，最好在修剪后喷洒一遍杀菌剂预防病害发生。

可以把盛开的铁线莲盆栽放到稍微遮阴的地方，免得过早凋谢。特别是花瓣大的大花品种

5 月　三类铁线莲管理

盆栽放置地点

即将开花的三类铁线莲，适合放在全日照的向阳处。

浇水

蒸发加剧，容易缺水，一定要及时补水。一般每天一次。

肥料

花期用氮、磷、钾（5-10-5）液体肥 500 倍液每周一次，代替水来浇灌。花后修剪结束，添加氮、磷、钾等分（10-10-10 或 14-14-14）缓释肥，按说明使用。

整枝、修剪、牵引

本类铁线莲是花期最晚的一类，下旬晚花大花会开花，到了月末，意大利系和得克萨斯系的铁线莲开放，修剪工作一般在下个月进行。有部分直立生长的全缘叶系铁线莲在开花前需要用支架支撑，提前做好这个工作。

种植、翻盆

本月新买的开花苗，暂时放置等待花开结束。

病虫害

本月开始有红蜘蛛出现，叶子表面出现一粒粒小白点，翻过背面就可以看到极其细小的红色虫体。红蜘蛛非常顽固，需要持续打药，而且打药时正反两面都要打到。

铁线莲有大量的花苞，马上就要迎来美丽的花季

6月初盛开的三类铁线莲'阿拉贝拉'，淡蓝的花色带来清凉的感觉

6月

本月是晚花类意大利系、得克萨斯系全缘叶系的全盛花期，这类铁线莲多数花形较小，但是花量巨大，在花园里开成花海，蔚为壮观。在上个月的阳台族美花全盛之后，这个月是花主人们展示成果的时候。

随着早花铁的花期结束，大量的修剪和追肥工作也迫在眉睫，早花铁如果还没修剪就要立刻修剪，而晚花铁的开放后也要立刻完成工作。剪掉的枝条可以顺手扦插，繁殖新苗，用以备份和扩大队伍。

同时，病虫害的问题不可忽视，虫害主要是红蜘蛛，病害则有枯萎病，最好能定期的喷洒药剂，做好预防工作。

本月关键词

● 修剪、追肥
● 铁线莲的状态：晚花类大量开花

工作要点

✓ 是否修剪了残花？
✓ 是否进行了花后修剪和追肥？
✓ 是否进行了消毒工作？

6月 一类铁线莲管理 ······················

常绿铁线莲结出种子，最好及时剪掉，但是如果植株十分健康，也可以留着欣赏

盆栽放置地点

适合放在全日照的向阳处。

浇水

蒸发加剧，容易缺水，一定要及时补水。一般每天一次。

肥料

花期用氮、磷、钾（5-10-5）液体肥500倍液每2周一次，代替水来浇灌。

整枝、修剪、牵引

开花结束后的卷须铁线莲的枝条生长迅速，要为它们做好牵引。另外秋季开花的圆锥铁线莲，此时是花芽生长的时节，要注意不要弄断了新枝。

种植、翻盆

如果购买到花苗，可以在不弄散根团的前提下移栽。

病虫害

本月有红蜘蛛大量出现，红蜘蛛非常顽固，需要持续打药，而且打药时正反两面都要打到。最好选择专用的杀螨剂。

盆栽放置地点

适合放在全日照的向阳处。

浇水

蒸发加剧，容易缺水，一定要及时补水。一般每天一次。

肥料

花期用氮、磷、钾（5-10-5）液体肥500倍液每2周一次，代替水来浇灌。

整枝、修剪、牵引

二类早花大花铁线莲一般都已经完成修剪工作，在剪后萌发的新枝成长后要立刻牵引，避免缠绕。

另外，如果没有及时完成花后修剪，就可能开不出第二次花来，这时不妨放弃夏花，稍微剪得深一点，让它储存体力，在秋季开放。

种植、翻盆

开花结束的花苗，可以在不弄散根团的前提下移栽。如果已经生发新枝，要格外小心。

病虫害

本月有红蜘蛛大量出现，红蜘蛛非常顽固，需要持续打药，而且打药时正反两面都要打到。最好选择专用的杀螨剂。

另外蜗牛也很多见，看见后及时抓除。

6月也是枯萎病的多发季节，一旦发现就要立刻剪掉枯萎的部分，并且喷洒药剂消毒。

被蜗牛咬坏花瓣的'吉利安刀片'

6月 三类铁线莲管理 ·······················

盆栽放置地点

适合放在全日照的向阳处。

浇水

蒸发加剧，容易缺水，一定要及时补水。一般每天一次。

肥料

花期用氮、磷、钾（5-10-5）液体肥500倍液每2周一次，代替水来浇灌。花后追肥用缓释肥或是发酵骨粉，5升左右盆10克。

整枝、修剪、牵引

三类晚花铁线莲在花后要立刻进行修剪，可以强剪也可以弱剪，根据修剪的程度不同，二次开花的时间也不一样，剪得弱，开花早，剪得强，开花晚。

种植、翻盆

购买的花苗，或是开花结束后的盆栽苗，可以在不弄散根团的前提下移栽。移栽时注意先拆除支架。

病虫害

本月有红蜘蛛大量出现，红蜘蛛非常顽固，需要持续打药，而且打药时正反两面都要打到。最好选择专用的杀螨剂。

6月是枯萎病的多发季节，虽然三类铁线莲的枯萎病发病率相对其他品种少很多，一旦发现就要立刻剪掉枯萎的部分，并且喷洒药剂消毒。

耐热的意大利系铁线莲不畏高温的开放，螺旋形的花瓣是它们独特的特征

在炎热的夏季不畏高温开放的三类铁 '紫云' 和身后淡黄色的月季搭配得十分协调

7月

本月关键词

● 防暑降温

● 铁线莲的状态：二类铁线莲再次开花，铁线莲衰弱，不耐热的一类铁进入休眠

工作要点

✓ 是否为怕热的品种进行了遮荫等防暑措施？

✓ 是否进行了再次花后修剪？

✓ 是否检查了蓟马和进行了杀虫工作？

7月在我国大部分地区都是一年中最炎热的日子，特别是在江南一带，铁线莲刚刚从6月的漫漫长雨中解放出来，马上就必须面对更加严酷的高温。很多花友都有这样痛苦的经验，6月份在大雨天明明长得绿油油的铁线莲，天一晴枝条就一根接一根的枯萎，直到全株死亡。

七八两个月的酷暑能否顺利度过，已经成为铁线莲栽培成功的关键，所以在这个月里，最重要的事情是防暑降温，为小铁提供舒畅的度夏环境。

5月花后修剪的二类早花品种在7月初可以看到第二次开花，之后晚花品种也渐渐开放。只不过因为温度原因，此时开放的花朵经常会变形变色，春天里碗口大的花朵现在连杯子口也比不上了，颜色也暗淡发白，让主人难以相信这还是同一株铁线莲。所以看到花开后就尽早剪掉残花，让小铁休息体力吧。

7月虽然炎热，但是对于6月扦插的枝条是生长的好时机，新生根的小苗耐热性较强，需要细心关照，不可让它缺水而受伤。

随着气温升高，讨厌的红蜘蛛停止了活动，需要关注蓟马的危害。

7月 一类铁线莲管理

盆栽放置地点

适合放在有遮荫的阴凉通风处。最好在盆子下方垫一块砖头，避免直接接触滚烫的地面。也可以使用两层花盆，中间填上沙子来降温。

浇水

蒸发加剧，容易缺水，一定要及时补水。一般每天一次。最好在清晨凉爽的时候浇水，如果早晨忘记了浇水到中午才发现，就要把自来水在太阳下晒一晒，让温度升高到和室温差不多，再在阴凉的地方浇水。

肥料

不施肥。

整枝、修剪、牵引

不进行。属于一类铁线莲的圆锥铁线莲耐热性强，并在秋季开始开花，本月需要对它的新枝进行适当的牵引和绑扎。

种植、翻盆

不进行。

病虫害

本月红蜘蛛渐渐消失，偶尔会发生蓟马，注意观察到叶子上出现黑色的痕迹，就是蓟马为害。本月还会有鼻涕虫。

月初雨季刚过，容易发生枯萎病，一旦发现就要立刻剪掉枯萎的部分，并且喷洒药剂消毒。

生长力强的小木通铁线莲长成绿色的拱门，为夏天带来阴凉

7月 二类铁线莲**管理** ································

盆栽放置地点

适合放在有遮荫的阴凉通风处。

浇水

蒸发加剧，容易缺水，一定要及时补水，一般每天一次。一定要在清晨或黄昏凉爽的时候浇水。

肥料

第二次开花后补充稀薄的液体肥，浓度大概是上次花后的一半。

整枝、修剪、牵引

第二次开花后及时剪除残花，并整理凌乱的枝条。

种植、翻盆

一般不进行。如果是花后的盆栽下地，可以在不弄散根团的前提下进行。

病虫害

偶尔会发生蓟马，注意观察到叶子上出现黑色的痕迹，就是蓟马为害。蓟马一般夜间活动，发现后在黄昏时分喷药为宜。

再次开花后的二类铁线莲还会结出种荚，要及时剪掉。旁边的枝条出现了枯萎病，也应该清理干净

三类铁线莲管理 ·······················

盆栽放置地点

三类铁线莲相对耐热，一般来说不需要特别遮阴。

浇水

蒸发加剧，要及时补水。一般每天一次或两次。特别是大株的三类铁线莲耐热，在高温下生长旺盛，容易缺水，请在凉爽的早晚各浇一次。

肥料

第二次开花后补充稀薄的液体肥，浓度大概是上次花后的一半。

整枝、修剪、牵引

第二次开花后及时剪除残花，并整理凌乱的枝条。

种植、翻盆

一般不进行。如果是花后的盆栽下地，可以在不弄散根团的前提下进行。

病虫害

偶尔会发生蓟马，注意观察到叶芽顶尖上出现黑色的痕迹，就是蓟马为害。蓟马一般夜间活动，发现后在黄昏时分喷药为宜。

特别耐热持续开花的铃铛铁'如古'，沉静的深蓝色让人心情宁静

最热的季节里三类铁线莲依然可以开放得十分灿烂，连烈日都挡不住它们的光彩

8月

8月上旬的高温气候依然会有，铁线莲的体力在梅雨和酷暑中已经几乎用到极限，特别是出现连续高温无雨的天气，庭院里的土地也会发生严重的旱情，这时就要及时浇水。

铁线莲的根部特别需要阴凉，在庭院栽培的铁线莲可以对根部进行覆盖，一则遮挡阳光，二则保持水分。覆盖材料可以是泥炭、堆肥或是腐叶土。最好不要用没有腐熟的材料。

进入下旬以后，夜间温度会降低，昼夜温差变大，铁线莲开始重现生机。这时要进行初秋的整枝修剪和牵引。扦插的小苗也会迅速生长起来，看到有根系从盆底冒出，就要及时换盆。

本月关键词

● 防暑抗旱、秋花修剪

● 铁线莲的状态：一二类铁线莲较憔悴，看起来就像枯枝败叶一样，三类铁线莲下部的叶子也会发黄，这些都是正常现象，不可因为小铁的形象受损就忽略了管理。

工作要点

✓ 上中旬是否及时浇水？如果外出旅行，更要彻底做好浇水工作。

✓ 是否为扦插苗上盆？

✓ 下旬是否进行了初秋修剪和施肥？

8月 一类铁线莲管理 ·····················

盆栽放置地点

适合放在有遮荫的阴凉通风处。最好在盆子下方垫一块砖头，避免直接接触滚烫的地面。也可以使用两层花盆，中间填上沙子来降温。下旬天凉后可以正常管理。

浇水

持续高温，容易缺水，一定要及时补水。一般每天一次。也可以在地面洒些水来降低温度。

肥料

不施肥。下旬天凉后浇氮、磷、钾（5-10-5）液体肥 500 倍液一次。

整枝、修剪、牵引

不进行。秋花的圆锥铁线莲开始开花，这个品种一年只开一次，不需要特别去处理残花。

种植、翻盆

不进行。

病虫害

本月还是有蓟马和鼻涕虫，发现后使用药剂驱除。

直立型的大叶铁线莲适合种植花境，除了淡蓝的小花，蓬松的果子也非常可爱

8月 二类铁线莲管理 ·····················

盆栽放置地点

适合放在有遮荫的阴凉通风处。下旬天凉后开始正常日照管理。

浇水

持续高温，容易缺水，一定要及时补水。一般每天一次。也可以在地面洒些水来降低温度。

肥料

不施肥。下旬天凉后浇氮、磷、钾（5-10-5）液体肥500倍液一次。月底在盆里施放骨粉等有机肥或是含磷成分高的缓释肥来促进秋花的开花。

整枝、修剪、牵引

下旬要进行整枝修剪，为迎接秋花做准备。一般来说只需修剪少许，新梢枝头也进行摘心程度的修剪即可。

种植、翻盆

上旬到中旬不换盆。下旬可以在不打散根团的前提下进行。

病虫害

本月还是需要注意蓟马和鼻涕虫，发现后使用药剂驱除。为了防止枯萎病，可以每2周一次喷洒杀菌剂消毒。

8月份开放的重瓣铁线莲'多蓝'，明显看得出花瓣减小很多

三类铁线莲管理 ·····················

盆栽放置地点

三类铁线莲较为耐热，不需要特别遮荫，下旬以后更是要保证充分的日照。

浇水

和其他休眠或半休眠的铁线莲不同，三类铁线莲在高温下还会开花，蒸发也较大，一般要早晚浇水。

肥料

每2周浇氮、磷、钾（5-10-5）液体肥500倍液一次。月底在盆里施放骨粉等有机肥或是磷成分高的缓释肥来促进秋花的开花。

整枝、修剪、牵引

下旬要进行整枝修剪，为迎接秋花做准备。夏季开放的花枝要及时全部剪掉。

种植、翻盆

上旬到中旬不换盆。下旬可以在不打散根团的前提下进行。

病虫害

除了蓟马和鼻涕虫，三类铁线莲枝条繁茂，有时会吸引白粉虱，发现后使用药剂驱除。

三类铁线莲的夏花依然艳丽夺目，这是紫红色品种'朱尔卡'

61

结出大量种子的原生毛蕊铁线莲，可以收取种子来播种繁殖

9月

9 月份在华北地区会感到秋意盎然，而在长江流域却时常发生秋老虎等高温天气。但是即使白天有高温，夜间的温度会明显降低，特别是中秋以后，气温会迅速下降，铁线莲就要迎来它的第二个花季。

本月的重要工作是及时追肥，保证秋花。追肥一是用液体肥，二是在盆土或土地里添加骨粉等有机肥或缓释肥。

如果在初夏没有进行扦插，现在是最后的机会，剪下半成熟的枝条按照和夏季同样的要领扦插到干净的基质里，因为秋季的空气湿度低，扦插盆上最好套个塑料袋保湿。

本月关键词

● 迎接秋花

● 铁线莲的状态：铁线莲开始慢慢恢复生机，收拾干净枯叶黄叶后，小铁又重新发出新枝，变得充满魅力。有的新枝条梢头又开始出现花蕾

工作要点

✓ 是否在上旬现蕾前追肥？

✓ 是否完成了扦插？

9月 一类铁线莲管理

盆栽放置地点

恢复生机的一类铁线莲，在逐渐冷凉的气候下重焕生机，开始拿到阳光下管理。

浇水

温度降低，但是湿度也降低，进入秋季的干燥季节。一般每天一次，或者用发酵有机肥例如骨粉，草木灰等磷钾成分较多的肥料。

肥料

每2周浇氮、磷、钾（5-10-5）液体肥500倍液一次。否则有部分夏天耗尽体力的品种，会在初秋时刻死去。

整枝、修剪、牵引

本类在天凉后生发新枝，这些枝条会在明春开花，只能牵引绑扎，整理枝条，不可随意修剪，造成来年不开花。特别是冬季花期的卷须铁线莲'圣诞铃'和'雀斑'等，要做好牵引工作。

种植、翻盆

下旬可以进行。

病虫害

本月除了蓟马，还会发生白粉虱，白粉虱是一种细小的飞虫，发生时数量众多，吸食植物的汁液会造成叶子发黄脱落，也有碍观赏，可以用吡虫啉喷杀，也可以悬挂黄板（黄色的粘虫板）来诱捕。

天气凉爽后重新恢复生长的常绿铁线莲，幼嫩的新枝非常喜人

9月 二类铁线莲管理

盆栽放置地点

为了秋季开花,必须放在全阳处管理。

浇水

持续高温,秋季干燥,容易缺水,一定要及时补水。一般每天浇一次。

肥料

不施肥。出现花蕾前每周浇氮、磷、钾（5-10-5）液体肥 500 倍液一次。

整枝、修剪、牵引

对即将开花的新枝条进行牵引和绑扎。

种植、翻盆

上旬到中旬不换盆。下旬可以在不打散根团的前提下进行。

病虫害

本月除了蓟马,还会发生白粉虱,白粉虱是一种细小的飞虫,发生时数量众多,吸食植物的汁液会造成叶子发黄脱落,也有碍观赏,可以用吡虫啉喷杀,也可以悬挂黄板（黄色的粘虫板）来诱捕。

繁殖

最后的扦插机会,做好保湿度工作的前提下扦插。

有些心急的二类铁线莲在 9 月末就开始开花,秋花的颜色比春花稍深,色度也更加浓郁

三类铁线莲管理 ·······················

盆栽放置地点

为了秋季开花,必须放在全阳处管理。

浇水

持续高温,秋季干燥,容易缺水,一定要及时补水。一般每天一次。

肥料

不施肥。现蕾前每周浇氮、磷、钾(5-10-5)液体肥500倍液一次。

整枝、修剪、牵引

对即将开花的新枝条进行牵引和绑扎。

种植、翻盆

上旬到中旬不换盆。下旬可以在不打散根团的前提下进行。

病虫害

枝条众多,生长旺盛的三类铁线莲,特别容易发生白粉虱,发现后用吡虫啉喷杀,也可以悬挂黄板(黄色的粘虫板)来诱捕。

直立型的大叶铁线莲适合种植花境,除了淡蓝的小花,蓬松的果子也非常可爱

10 月的铁线莲秋花灿烂，深沉的颜色和稍微细小的花瓣让秋花和春花有着不同的美感

10月

10 月对于铁线莲来说是有一个美好的季节，这时候秋高气爽，雨水少，病虫害也相对不多，虽然整体花量会减少，但是每朵花的持续时间更长，比起春季的盛花期，又别有一番风味。

本月的重要工作是摘除开花植株的残花，因为今年再不会开花了，有时候会有依依惜别的感觉，恨不得多让小铁的花儿在枝头呆几天。这种心情是可以理解的，但是最好还是在它凋落前剪掉，免得结种子浪费体力。

三类铁线莲例如德克萨斯系的铃铛铁线莲种子成熟，这个系统的铁线莲不容易扦插成活，而是通过播种来繁殖，这时就可以收集成熟的种子，清理干净后播种。如果不想立刻播种，也可以用密封袋保存起来。很多论坛或花友群也有交换种子的活动，这时也是增加新品种的好机会。

本月关键词

● 秋花

● 铁线莲的状态：二类铁线莲领先，三类的晚花品种和佛罗里达系都会依次开花

工作要点

✓ 是否清理了残花?

✓ 是否采集好得克萨斯系的种子和完成播种?

10月 一类铁线莲管理 ·················

盆栽放置地点

在全日照处管理。

浇水

温度降低，但是湿度也降低，进入秋季的干燥季节。一般每天浇一次。

肥料

每二周浇氮、磷、钾（5-10-5）液体肥 500 倍液一次。

整枝、修剪、牵引

一类铁线莲喜好冷凉气候，秋天是生发新枝的时间，例如蒙大拿、小木通'苹果花'等品种在新枝发出前应该进行清理修剪，否则拖延了等到冬天再剪，就会剪掉开花枝条。

种植、翻盆

在不打破根团的前提下可以进行。

病虫害

本月继续关注蓟马和白粉虱。

硕果累累的原生芹叶铁线莲，初秋是对一类铁线莲进行修剪的好时候

二类铁线莲管理 ·······················

盆栽放置地点

放在全阳处管理。

浇水

1~2 天一次，或看盆土表面干燥后浇水。

肥料

每周浇氮、磷、钾（5-10-5）液体肥 500 倍液一次。

整枝、修剪、牵引

及时摘除残花。

种植，翻盆

上旬到中旬不换盆。本月开始有网店开始出售各种尺寸的苗，可以根据需求选购，无论是盆栽苗还是裸根苗，拿到手都可以立刻栽种和换盆。

病虫害

本月继续关注蓟马和白粉虱，同时也会有毛毛虫出现。

重瓣铁线莲'伊萨哥'，秋花的花瓣虽然不小，但是层数变少了

10月 三类铁线莲管理 ·············

盆栽放置地点

放在全阳处管理。

浇水

1~2 天浇一次，或看盆土表面干燥后浇水。

肥料

每周浇氮、磷、钾（5-10-5）液体肥 500 倍液一次。

整枝、修剪、牵引

在花开完毕后，可以进行初步修剪，即把植株剪到 1/2，因为还需要叶子进行光合作用，不可以完全剪光。

种植、翻盆

上旬到中旬不换盆。本月开始有网店开始出售各种尺寸的苗，可以根据需求选购，无论是盆栽苗还是裸根苗，拿到手都可以立刻栽种和换盆。

病虫害

本月继续关注蓟马和白粉虱，同时也会有毛毛虫出现。

三类铁线莲在 10 月花季进入尾声，疲劳了半年的它们要进入休息期了

冬花的卷须铁线莲'雀斑'在 11 月底就会开出朵朵小花

11月

本月关键词

● 换盆

● 铁线莲的状态：叶子变黄脱落，养分储存在叶腋的芽头里。有的常绿品种则十分苗壮，冬花的卷须铁线莲还可能开出初花来

工作要点

✓ 是否做好换盆？

✓ 是否量力而行的选购花苗？

秋意渐浓，树木开始红叶，铁线莲的叶子也慢慢变黄，脱落，只剩下枯枝，有的新手花友就会担心铁线莲是不是死掉了。当然这种无谓的担心是没有必要的，从现在开始到明年 3 月的休眠期，对于铁线莲来说是非常重要的保养假期，在冬季充分休眠，开年才会萌发出苗壮的枝条，开出灿烂的美花。如果不能确定铁线莲是否活着，可以用指甲稍微刮开一点表皮，看到绿色就可以证明铁线莲还活着。

铁线莲进入休眠，地下部分还在活动，必须按时浇水，免得造成缺水。

盆栽的铁线莲如果感觉到盆子太小，根系盘绕，就要换盆，这个月换盆的话，植物可以在寒冬来临前恢复根系，以尽早换盆为宜。北方已经上冻或是即将上冻的地区不要换盆，等到春天再换。

这个月是选购铁线莲花苗的好时机，无论是购买国产的盆栽苗或是预定进口苗，都是一件令人兴奋的事情，经过一年的辛勤栽培我们应该已经知道呵护一棵小铁殊非容易，选购时也要量力而行，不要冲动购物。另外在购买苗的时候要同时准备好基质，盆子和其它工具，免得小铁到货后手忙脚乱。

11月 一类铁线莲管理

盆栽放置地点

在全日照处管理。

浇水

温度降低，但是湿度也降低，进入秋季的干燥季节，一般每天浇一次。

肥料

休眠后不施肥，常绿品种浇氮、磷、钾(6–6–19)液体肥 1000 倍液每月 2 次。

整枝、修剪、牵引

不修剪。

种植、翻盆

如果盆子小，根系盘绕，在本月尽早换盆，正在开花的品种不要换盆，等到花后再换。

病虫害

随着气温降低,本月病虫害大幅减少。

枝繁叶茂的小木通'苹果花'，正在为来年的花期孕育能量

11月 二类铁线莲管理 ·······················

盆栽放置地点
在全日照处管理。

浇水
温度降低，但是湿度也降低，进入秋季的干燥季节。一般每天浇一次。

肥料
休眠后不施肥，没有休眠的品种浇氮、磷、钾（6-6-19）液体肥1000倍液，每月2次。

整枝、修剪、牵引
不修剪，如果枝条太乱可以整理干净，把枯掉的枝条剪掉。

种植、翻盆
如果盆子小，根系盘绕，在本月尽早换盆，新买的花苗及时上盆。

枝条太乱的植株

经过初步整理后变得干净的植株。
正式的修剪还是留待冬天

11月 三类铁线莲**管理** ·······················

盆栽放置地点

在全日照处管理。

浇水

温度降低，但是湿度也降低，进入秋季的干燥季节。一般每天一次。

肥料

休眠后不施肥，没有休眠的品种浇氮、磷、钾（6-6-19）液体肥 1000 倍液，每月 2 次，本类的佛罗里达系属于四季开花，在秋花之后如果营养充足会再次开放。

整枝，修剪，牵引

不修剪，如果枝条太乱可以把枯掉的枝条剪掉，其余枝条剪到一半处。

种植，翻盆

如果盆子小，根系盘绕，在本月尽早换盆，新买的花苗及时上盆。

繁殖

收集成熟的种子可以播种。

铃铛铁线莲很难扦插成活，当种子成熟后就可以采集下来播种繁殖

12月

本月的铁线莲处于休眠期，看起来杂乱无章，可以适当清理后等待正式修剪。

以大花的二类铁线莲为首都开始慢慢枯萎，叶子变黄，而常绿型的铁则不畏严寒的继续保持绿油油。冬花品种云南铁线莲，卷须铁线莲则开始开花。对于铁线莲来说，寒冷既是一个锻炼，也是打破休眠春化的过程。这段严寒是对它们的考验，也让它们在寒冷中得到了休养。

本月关键词

◉ 防寒

◉ 铁线莲的状态：枯萎变黄，常绿铁线莲则依然保持健旺

工作要点

✓ 是否做好防寒?

✓ 是否做好清理?

12月 一类铁线莲管理 ·······················

盆栽放置地点

避风、光照好的户外，寒冷的地方最好放在有房屋遮挡寒风的屋檐下。

浇水

表面干燥后在晴暖的上午浇透水。

肥料

不施肥。

整枝、修剪、牵引

不进行，但是有明确已经枯死的枝条可以清理掉。

种植、翻盆

不进行。这个月份通常会购买小苗，刚买来的盆栽小苗不需要换盆，等到早春再换，但如果是裸根苗，就要立刻栽种好，放在避风的地方养护。

冬季开花的单叶铁线莲，有着小小的铃铛花和美好的芳香。

部分品种的防寒

有些品种例如'春早知'和'银币'，在下雪的时候会枝条冻伤而枯萎，所以需要用无纺布覆盖防寒，或拿到屋檐下来。

二类铁线莲管理 ·······················

盆栽放置地点

避风，光照好的户外，寒冷的地方最好放在有墙壁遮挡寒风的屋檐下。

浇水

表面干燥后在晴暖的上午浇透水。

肥料

不施肥。

整枝、修剪、牵引

不进行，有些品种会一直开花到12月初，这样的要尽早修剪掉残花，不要让开花耗费营养。

种植、翻盆

一般来说不进行。这个月份常常会有购买的小苗到货，刚买来的盆栽小苗不需要立刻换盆，等到早春再换，但如果是裸根苗，就要立刻栽种好，放在避风的地方养护。

在真正的寒冬来临前有的铁线莲还会开花，这是一朵冬花的约瑟芬

12_月 三类铁线莲**管理** ....

盆栽放置地点

避风，光照好的户外，寒冷的地方最好放在有房屋遮挡寒风的屋檐下。

浇水

表面干燥后在晴暖的上午浇透水。

肥料

不施肥

整枝、修剪、牵引

对于需要强剪的三类铁线莲，可以在地上 30 厘米左右先修剪一次，免得枝条太过混乱，影响美观。最终的修剪是在次年的 2 月进行。这样也可以促进下方芽头的充实。

种植、翻盆

不进行。这个月份通常会购买小苗，刚买来的盆栽小苗不需要换盆，等到早春再换，但如果是裸根苗，就要立刻栽种好，放在避风的地方养护。

地栽品种的早期修剪

对于需要强剪的三类铁线莲，可以在地上 30 厘米左右先修剪一次，促进下方芽头的充实。也可以避免枝条混乱，影响美观。最终的修剪是在次年的 2 月进行。

清理铁线莲的枯枝，先把花盆放倒，解开所有支架，再进行操作

铁线莲的好伙伴

角堇

角堇从深秋到晚春都会持续开花，植株低矮，株型蓬松，非常适合覆盖小铁的脚下。角堇有很多品种，秋季可以买到现成花苗，不过要想有独特的花色，还是播种吧。

墨西哥飞蓬

墨西哥飞蓬，又名加勒比飞蓬，小小的菊花从初开的白色渐变成粉红，花量大，性质强健，耐寒耐热，几乎不用照顾就能长成一大片。

薰衣草

薰衣草有迷人的香气，叶子银灰色，非常有异国风情。如果地处江南一带，以选择较为耐热的齿叶薰衣草或法国薰衣草为宜。

PART 4

种植方法详解

栽种一年小苗

一年生的小苗通常在秋冬季购买，有的已经落叶，即使没有落叶，如果是三类铁线莲也会叶子泛黄。看到这种情况不用特别紧张，只要根系新鲜、底部有健康的芽头就没有问题。

栽种小苗的步骤

买来的小苗'包查德伯爵夫人'，种植在9厘米的小容器里

选择合适的花盆，不要太大，也不要太小。太大的盆种小苗，会导致水不干，不透气，发生烂根。这里选择了15厘米的控根花盆。在花盆里放上底石

加入事先准备好的基质，使用的基质是泥炭＋珍珠岩＋赤玉土＋蛭石的混合基质。大约加到1/3就可以

4 取出小苗，轻轻疏松根部的细根，放入花盆

5 在小苗周围加入基质

6 浇水，完成

次年长好的'包查德爵夫人'

小苗种好后一般放在阴凉处缓苗几天，就可以拿到阳光下正常管理。进入冬季严寒，小苗的耐寒能力差，可以拿到墙角，阳台边上，但是不要放到有暖气的屋子里。

栽种裸根苗

秋冬季我们也可能买到裸根苗，裸根苗有大有小，大苗比较容易成活，只有几条根的裸根小苗相对来说成活不太容易。

买到的裸根苗拿回家后就要立刻种植，在种植之前可以用水浸泡 2~4 小时，让失水的根系吸水补充。如果是网购裸根，一定要事先买好基质、花盆等用品，免得到货手忙脚乱，或是耽误栽种导致发霉死苗。

栽种裸根苗的步骤

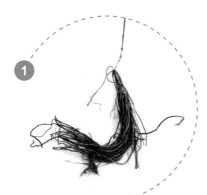

1 裸根苗必须带有健康的芽头，芽头多，发的枝数也多

2 准备一个和裸根苗相配的花盆，这里的二年苗选用了 10 升左右盆

3 首先在花盆里加入盆底石，这里用的是大颗粒轻石

4 在轻石上加入基质，基质使用粗质泥炭 + 珍珠岩 + 蛭石的混合基质。把基质中间稍稍堆高，做成小丘

5 在小丘上放上裸根苗，让
根系均匀铺散在小丘四周

6 加入基质

7 准在基质即将加满时，在
盆边放入 10 克左右的缓释肥

8 继续加入基质

9 浇水前在水壶里加入杀菌
剂，除了裸根苗，一般带土小苗
的移栽时可以不用加

10 充分浇水，直到
水从盆底流出

没有发芽的裸根苗冬季可以放在户外，如果已经发芽就最好放在稍微避风的地方保护管理。不要套袋子保湿，也不要放在有暖气的地方。

次年春季发芽后，可以为它加设支架。

4月的裸根苗成长成健康的中苗，已经准备开花。

铁线莲三年苗下地

冬季是适合铁线莲下地的季节，一般铁线莲下地前最好对土壤进行改良，所以在下地前要准备改良土壤的材料，可以使用腐叶土、堆肥，也可以使用泥炭＋珍珠岩等常用的盆栽基质，基质的量35～50升。

下地的步骤

择一块日照好，排水良好的地点，清除杂草，开始挖掘

准备好改良土壤的基质

大约挖掘两铁锹的深度。如果排水条件差，可以再挖深些，并在坑底部放入碎石做成排水层

将挖掘出的土和基质混合在一起

在底部放入鸡粪＋骨粉等底肥，回填混合基质，到一半时，再加一把肥料

PART 4

种植方法详解

85

拍打铁线莲花苗盆壁，取出花苗

操作时不可倒放花盆，会损伤芽头，最好把花盆横躺，慢慢取出

疏松根系

抱住土团，放入坑的中心

回填混合基质（混合基质的份量会多出一些，这些可用于其它用途）

填满后，在铁线莲苗周围 20 厘米处挖一圈浅坑，沿着浅坑浇水，大约要浇 2 桶水，完成

铁线莲的修剪——冬季修剪

冬季修剪是铁线莲最重要的修剪，铁线莲的一、二、三类修剪分类也就是根据这次修剪来分的。

冬季修剪的原则

不剪

一类铁线莲

剪掉枯枝、残花、果实，完成。

弱剪

二类铁线莲

剪掉枯枝、残花、果实，保留大部分枝条，在壮芽处剪断，完成。

强剪

三类铁线莲

剪掉枯枝、残花、果实，放弃大部分枝条，在地面以上1~3节处剪断，完成。

二类

品种：'吉利安刀片'

1

从支架上解下枝条，拆除支架

2

寻找饱满的芽头

3

在饱满的芽头上方剪断

4

第二根枝条同样操作，这根枝条的壮芽在稍下方，也剪断

⑤

放回支架

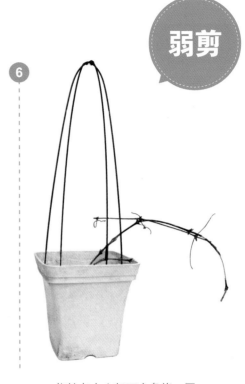

⑥

将枝条在支架下方盘绕一圈

⑦

选择合适的固定位置

⑧

用扎带固定这根枝条

PART 4

种植方法详解

89

9

另一根枝条反向绕圈缠绕，且
固定好，就完成了

次年春季新枝条长出，
开花的'吉利安刀片'

强剪

修剪前的植株

解开所有
的绑带

抽出支柱

小心拿住枝
条，不要折断

从最下一节的
芽头上方修剪

所有枝条都
同样操作

PART 4

种植方法详解

完全枯萎的枝条从基
部剪除

完成

次年春季的'玛丽亚·科尼利亚'

播种

常见的铁线莲都是园艺杂交品种，用播种的方法繁殖可能会长出和母本不同的植株，开出不同的花色，所以不是太常用播种方式繁殖。

铃铛铁线莲因为扦插特别不容易，最近很多花友开始用播种的方法繁殖，得出的小苗会有些差异，但是事先了解到风险，也值得作为一种令人期待的繁殖方式。下面我们就来看看怎么给铁线莲播种吧。

1

铃铛铁线莲的种子都比较大，种皮也比较厚，还带了个小尾巴

2

剪掉小尾巴，浸泡大约一晚上。种皮变软，剥掉一半种皮，露出像瓜子仁一样的种子

3

准备一个小花盆，装好营养土，把种子放在盆土表面，稍微盖一点点土

4

插好标签，放在阴凉的地方

铁线莲发芽的时间从一个月到二年不等，通常是一年左右，有的还会更长。在这期间要做的就是保持盆土湿润，耐心等待！

二类铁线莲的春季花后修剪

铁线莲的春季花后修剪比较随意，可以剪得重些，也可以剪得轻些，剪的轻的大约在 40 天后开花，剪得重的大约在 60 天后开花。

下面我们来看看剪得重的例子。

①

开过花的
'吉利安刀片'

②

解开牵引的园
艺扎带

③

把枝条全部放下来

④

第二根枝条同样操作，这根
枝条的壮芽在稍下方，也剪断

5

修剪另一根枝
条，同样程度

6

剪掉在底部开
花的短花枝

7

加入一些缓释肥，完成。（气泡）铁
线莲看起来很短了，没事吗？

8

不用担心，3～4个星期后，铁线莲又
长出了这么多枝条，并且在枝头结出了小
花苞。大约再过20天，它就又会开花了

三类铁线莲的花后修剪

　　铁线莲的春季花后修剪的目的主要是阻止结种子，刺激二次开花。修剪位置比较随意，可以剪得重些，也可以剪得轻些，剪的轻的大约在 40 天后开花，剪得重的大约在 60 天后开花。

　　下面我们来看看剪得轻的例子。

开过花的三类铁线莲'玛利亚科尼利亚'

解开所有的扎带，把枝条放下来

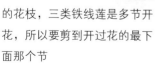

剪掉开过花的花枝，三类铁线莲是多节开花，所以要剪到开过花的最下面那个节

剪掉的枝条

5 这根枝条没
有开过花，因为很细弱，所以
长不出花芽，保留也没用，也
剪掉

6 剪断的枝条

7 修剪所有的
开花枝和细弱枝

8 把剩余的
枝条重新绑扎好

9 完成的样子

10 添加有机
肥或缓释肥

扦插

　　铁线莲最适合的繁殖
方式是扦插，扦插的适宜
时间是春季花后 5～7 月
或秋季早期的 9 月。

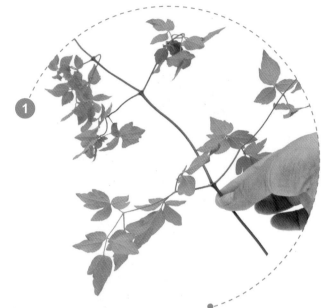

　　剪下一根枝条，一般来说，开过花的枝条，粗壮的中
间段比较适宜扦插。细弱枝、节间过长的枝条、叶子有病
虫害的不要用

在节的中间剪
断，每段 1~2 节

剪好的枝条

注意芽的朝向，不要插反了。三类铁线莲如果叶子太多，剪掉一半的叶子

放在水瓶里浸泡2小时，充分吸水

准备小花盆，扦插土，一般是用蛭石、珍珠岩和少量泥炭。用木棍在盆土上戳一个小洞

插入枝条

插好，入土大约正好在节的部位

开第二个洞，插入第二根枝条

完成后放在有散射光的地方，保持盆土湿润，并经常喷水，大约一个月就可以生根。

10 插好所有的枝条

11 喷水，让枝条和土壤贴合，也给叶面补水

扦插需要生根粉吗？

很多人扦插喜欢用生根粉，也可以在枝条插入土之前沾一些生根粉，有一定促进作用，但不是完全必要的。铁线莲的扦插成活与否主要取决于枝条的活力和扦插期间的环境。

PART 5

常见铁线莲品种名录

最经典的12种

铁线莲
Tiexianlian

鲁佩尔博士 /
经典

C. 'Doctor Ruppel'

花色　粉色底中心红色
条纹
花形　单瓣
系统　早花大花
修剪　二类
高度　1.5~2.5 米
难度系数　☆

品种特征　历史悠久的人气品种，花瓣深粉色，具有深红色的条纹，雄蕊浅棕色。漂亮的彩条十分吸引眼球。初开或高温时颜色容易发紫色。生长迅速，丰花，是适合新手的入门品种之一。可盆栽，地栽长势更旺。开花位置低，适合小型塔架和花片牵引。群开时非常灿烂，是花园的一抹亮色。

幻紫

C. florida var. *flore-pleno*

花色　白，花心紫色
花形　重瓣，中花
系统　佛罗里达
修剪　三类
高度　2~3 米
难度系数　☆☆☆

品种特征　非常著名的品种，在花友中有极高人气，花瓣白，花心紫色，独特而美丽。花量大，但是要枝条长到一定的长度才会开始开花，一边开花还会一边长枝条。夏天休眠，怕热。枯叶黄叶都是很正常的，不用特别担心。有条件最好收到半阴或者早上晒到太阳的地方，尤其是小苗，特别注意防止暴雨后的暴晒。等到了秋天凉爽了会开始抽枝，这时修剪掉干枯的枝条即可。佛罗里达系都不太耐寒，－5℃以下就要收到没有加温的屋子里。

繁星
C. 'Nelly mosse'

花色　白色带淡红色条纹

花形　单瓣，大花
系统　早花大花
修剪　二类
高度　2~2.5 米
难度系数　☆☆

品种特征　早花大花型，白底淡玫瑰红条纹，颜色没有博士那么鲜艳，清新秀气。小苗养好根后可以换比较大一点容器，或者地栽，生长迅速。比较强健，管理跟上会很丰富。盆栽花开时建议移到半阴遮雨的地方，花色花型会保持的比较好。光照对条纹类的上色影响比较大，如果光线弱，条纹颜色就很浅。

超级杰克
C. 'Jackmanii Superba'

花色　紫色	修剪　三类	难度系数　☆
花形　单瓣，大花	高度　2~5 米	
系统　杰克曼		

品种特征　花型中等，深蓝紫色，花径 8~15 厘米，花瓣 4~6 瓣。5 月中旬初开，6 月进入盛花期，耐寒也耐热，成苗后花量巨大。喜肥，喜光，不耐阴。生长迅速，植株高度可达 5 米，一般用于大型拱门或墙面，不适合阳台族。

沃金美女
Belle of Working

花色　淡紫色
花形　重瓣，尖花瓣
系统　早花大花
修剪　二类
高度　1.5~2.5 米
难度系数　☆☆

品种特征　早花大花型。蓝紫色重瓣里很著名的一个品种，花 10~15 厘米。花期 5~6 月，秋天会重花。天气对花的开品影响大，大苗花开比较标准，花瓣层次也会多些。

水晶喷泉
C. 'Crystal fountain'

花色　淡紫色
花形　重瓣，花瓣向内卷
系统　早花大花
修剪　二类
高度　2~2.5 米
难度系数　☆

品种特征　外瓣淡紫红色或淡紫蓝色，内瓣针型。丰花品种，花形独特，群开时非常醒目。可以盆栽，地栽长势更旺。喜肥，强健，生长迅速，春季集中开花，花朵 8~12 厘米。花期 5~6 月，有秋花。扦插比较容易。

瑞贝卡
C. 'Rebecca'

花色　红色
花形　单瓣，丝绒质地
系统　早花大花
修剪　二类
高度　2~2.5 米
难度系数　☆☆

品种特征　由英国著名铁线莲育种家艾维森于 2007—2008 年推出，秋季也能保持良好的开花性，是红色铁线莲首选。花瓣质地丝绒质，初开大红色，之后会慢慢褪成紫红。性质相对强健，基本没有病虫害，枯萎病的概率也很低。可以露天种植，能耐全日晒，不过盆栽时夏天最好还是半遮阴。

乌托邦
C. 'Utopia'

花色　淡粉带紫晕
花形　单瓣，大花
系统　佛罗里达
修剪　三类
高度　2~3 米
难度系数　☆☆

品种特征　难以形容的颜色，非常梦幻。日本品种，由佛罗里达系和早花大花系杂交育成。适宜生长在有遮荫的地方。耐半阴，忌爆晒，全露养小苗容易枯萎，大苗梅雨季节枝条也容易枯萎，夏天最好能够放到避雨处。

　　和其他佛罗里达系一样，夏天休眠，叶子会干枯掉，秋天凉快了会抽芽，并再开花。温暖的地方冬天也能开，一直开到次年 2 月左右。

戴安娜王妃

C. 'Princess Diana'

花色　玫瑰红色
花形　郁金香形，横开
系统　得克萨斯系
修剪　三类
高度　3~4 米
难度系数　☆

品种特征　娇艳的玫红色，郁金香花形，黄色花蕊，可以半阴种植。耐热，强健，即使枝条折断也可以从颈部发出新芽。冬天枯萎，重剪后春天发新枝条，花量大，是两广等地南方花友的首选之品。如果枝条过分繁茂可能导致花少，这时疏剪掉一部分枝条即可。

春早知

花色　白色
花形　单瓣，小花
系统　常绿
修剪　一类
高度　2 米
难度系数　☆☆☆

品种特征　花期 3 ~ 4 月，开花较早，不攀爬需要牵引捆绑，花量很大，开放时清新秀美，是近年来很受花友欢迎的品种。春早知耐寒性不强，北方寒冷地区需要放在室内管理；耐湿热性也不强，梅雨季节最好放在屋檐下避雨，南方夏季要少许遮阴。

蒙大拿

花色　白色
花形　单瓣，四瓣小花
系统　蒙大拿
修剪　一类
高度　3~5 米
难度系数　☆☆☆☆

品种特征　4 瓣花，白色，花蕊黄色，花期 4~5 月，花小有香味，在适合的地区春花花量大，可以爬满整面墙壁。耐寒，不耐湿热。

里昂城 /
里昂村庄
C. ‘Ville de Lyon’

花色　玫瑰红色
花形　单瓣，中花
系统　杰克曼
修剪　三类
高度　2~2.5 米
难度系数　☆

品种特征　经典的著名品种，亮玫瑰红色，中花 12~14 厘米。花期 6~9 月。花朵很圆润，雄蕊黄色，对比鲜明，非常可爱。高度 3~4 米。春花比较大，夏花复花比较小，但是夏花花量更大，且颜色更艳丽。栽培容易，适合新手。

最适合新手的10种
铁线莲
Tiexianlian

总统
The President

花色　蓝紫
花形　单瓣
系统　早花大花
修剪　二类
高度　2.5~3 米
难度系数　☆

品种特征　具有百年历史的经典品种，蓝紫色中等大小花，花蕊黑紫，花形周正，堪称铁线莲的代表品种。颜色单看有些暗，搭配粉色的月季或是草花时则充分体现出魅力。抗性好，不易枯萎，栽培上可以粗放型管理。

约瑟芬
Josephine

花色　粉色
花形　重瓣
系统　早花大花
修剪　二类
高度　1~1.5 米
难度系数　☆

品种特征　育种家艾维森作品，曾获 RHS 金奖。颜色淡雅，复花性好，永远重瓣。植株通常可以经过修剪保持在 1 米左右的高度，非常适合盆栽，地栽则适合较低矮的栅栏。强健，不易枯萎，新手可以轻松种植，在重瓣品种里十分难得。

小绿 / 绿玉

C. florida var. flore-pleno

花色　白中带绿
花形　重瓣，中花
系统　佛罗里达
修剪　三类
高度　2~3 米
难度系数　☆☆

品种特征　非常漂亮的 F 系绿色小狮子头，中型花朵 8~10 厘米、淡绿色的花瓣层层打开，一朵也能开很久，盆栽的话春天全日照、夏天搬到半阴不淋大雨的地方去。花期 5~10 月，任意修剪，新枝条开花。不耐冻，冬天要注意保护。

紫云

Warszawska Nike

花色　深紫色
花形　单瓣，中花
系统　杰克曼
修剪　三类
高度　3~5 米
难度系数　☆

品种特征　非常经典的单瓣紫红色老品种。耐热皮实，根长好后最合适地栽，管理到位，花海一片，花量巨大，盆栽建议用大点的花盆。花期 5~9 月，三类修剪。也可以不修剪，这样会长的非常高大，需要很高的支架。合适全日照，不耐半阴。

神秘面纱
Night Veil

花色　紫色带白色中线
花形　单瓣，6 瓣花
系统　南欧系
修剪　三类
高度　2~3 米
难度系数　☆

品种特征　蓝紫色单瓣，花瓣中间有白色中线。枝条细，盆栽可以盘成花球，地栽爬拱门或篱笆。强健，不枯萎，生长快，花量大，适合南方。很多人会混淆'神秘面纱'和'维尼莎'，'维尼莎'是浅色花瓣深色中线，'神秘面纱'是深色花瓣浅色中线。

安卓美达 /
仙女座
Andromeda

花色　白色带红色条纹
花形　半重瓣，尖瓣花
系统　早花大花
修剪　二类
高度　1.5~2 米
难度系数　☆

品种特征　花色白色带有玫红色条纹，配上纤细的尖形花瓣，形象非常清新。多数时候开单瓣花，偶尔也会开出半重瓣。强健，好养，适合栽培在小拱门和塔形花架下。

包查德伯爵夫人/伯爵夫人

Comtesse de Bouchaud

花色　淡粉色
花形　单瓣，中花
系统　杰克曼
修剪　三类
高度　2~3米
难度系数　☆

品种特征　优雅的粉色，花瓣稍带圆形，中等花型，黄色花蕊，适合种在墙下，立柱边。'伯爵夫人'和'如梦'并列为单瓣粉色系列里面人气最高的两款。'伯爵夫人'花瓣比较圆润，'如梦'比较尖。强健，不易生病，不易枯萎，新手也能很快上手。喜光，不耐阴，相对比较耐热，可以全日照管理。

蓝天使

Blue Angel

花色　淡蓝色
花形　单瓣，小花
系统　杰克曼
修剪　三类
高度　2~3米
难度系数　☆

品种特征　淡雅的水蓝色，4瓣花，花瓣边缘带点皱褶，瓣厚有质感，稍稍向下开放。喜光，喜肥，抽枝条能力强，新枝条不断开花，是一个非常丰花的品种。皮实，不易枯萎，适合地栽。盆栽要用大点的盆才能发挥出它的优势。

典雅紫

C. 'Purpurea Plena
Elegans'

花色　紫红色
花形　重瓣，经常开成
小绒球
系统　南欧系
修剪　三类
高度　2~3 米
难度系数　☆

品种特征　重瓣紫红色，花瓣聚集成菊花形，外部花瓣脱落后变成小绒球，非常可爱。每朵花虽然只有 4~7 厘米，但是花量大，集群开放非常美丽。花期 7~9 月，特别是在炎热的夏季开花不绝。适合全日照，强健，生长迅速，适合新手种植。

格恩西岛

C. 'Guernsey Cream'

花色　白色，稍带黄绿
色
花形　单瓣
系统　早花大花
修剪　二类
高度　2~2.5 米
难度系数　☆

品种特征　花色是优雅的奶油白，初开带有淡淡黄色。花心柠檬黄，花瓣圆形，看起来非常柔美。花期很早，基本属于该系统中最早开花的一类。性质强健，可耐半阴，不容易枯萎，适合新手栽培。地栽时生长旺盛，花多。开花位置比较下，特别是小苗阶段，所以也很适合盆栽欣赏。

雍容华贵的10种

重瓣铁线莲

Chongban Tiexianlian

爱丁堡公爵夫人
C. 'Duchess of Edinburgh'

花色　白色
花形　重瓣
系统　早花大花
修剪　二类
高度　2~2.5 米
难度系数　☆☆

品种特征　白色重瓣早花大花品种，花瓣多，虽然重瓣但是很秀气。春季老枝条开重瓣，夏季复花新枝条开单瓣。喜光，不耐阴。花色纯净，花形周正，适合搭配深色背景或是和其它铁线莲合植。

蓝光
C. 'Blue light'

花色　蓝色
花形　重瓣，花瓣向内卷
系统　早花大花
修剪　二类
高度　2~2.5 米
难度系数　☆☆☆

品种特征　出名的狮子头。一款人气旺的重瓣品种。永远重瓣，浅蓝色，群开时雍容华贵。花朵中等大小，直径 8~10 厘米。喜光，种植上相对来说还是有点难度的，地栽长势较旺，需选择排水良好，向阳的地点，种植前改良土壤。

伊萨哥

C. 'isago'

花色　白色
花形　重瓣，后期为单瓣
系统　早花大花
修剪　二类
高度　2~2.5 米
难度系数　☆☆

品种特征　早花大花中的白色重瓣名品，花蕊黄色，非常漂亮。花后经过修剪后，秋季再次开出单瓣秋花，与春花相比虽然不是那么豪华，但也别有一番风韵。可以盆栽，长势不算很强，需要细心打理。

皇帝 / 凯撒

C. 'Kaiser'

花色　粉色，根据温度不同可能呈紫色到蓝色
花形　重瓣，花心针形或小碎瓣形
系统　早花大花
修剪　二类
高度　1.5~2.5 米
难度系数　☆☆

品种特征　艾维森专利品种，如同名字一样有着华丽的花形。中等至大花重瓣，外瓣深粉红色，内瓣针形或碎花瓣形，娇艳动人。春天集中开花，夏秋季零星开花，花色根据气候不同很多变，小苗喜欢在下部开花，开花位置低，甚至出现没长叶子就直接开花的情况，到大苗后就会改善。二类修剪，花径 8~12 厘米。株高 1.5~2 米。

魔法喷泉
C. 'Magic Fountain'

花色　蓝色
花形　重瓣
系统　早花大花
修剪　二类
高度　2~2.5 米
难度系数　☆☆

品种特征　春秋花都是重瓣，花形饱满，花瓣稍内卷，被花友称为"狮子头"。和'钻石'比较相似，天热花开会偏红，天凉会偏蓝紫。从花苞到完全打开会持续相当一段时间，观赏时间很长。喜光，适合地栽，属于重瓣大花里比较强健和生长速度较快的品种。

琉璃
C. 'Ruri Okoshi'

花色　淡紫色
花形　重瓣
系统　早花大花
修剪　二类
高度　1.5~2.5 米
难度系数　☆☆

品种特征　日本品种，浅蓝紫色，重瓣。花朵中等大，花瓣纤细秀美，颜色淡雅精致。生长速度中等，株型紧凑，适合盆栽欣赏。光照不好，颜色会非常淡，并且带点绿。

新幻紫 / 千层雪

C. 'viennetta'

花色　白，花心紫色
花形　重瓣，中花
系统　佛罗里达
修剪　三类
高度　2~3 米
难度系数　☆☆☆

品种特征　幻紫的新园艺种，花心部分层次更多，更加华丽。花量也很大，特别是大苗后开花时就如花毯一般美丽。无论盆栽地栽都可以，但是夏季最好有少许遮阴。其余特征和幻紫一样。

重瓣丹尼

C. 'Dennys Double'

花色　蓝色
花形　重瓣
系统　早花大花
修剪　二类
高度　2.5~3.5 米
难度系数　☆☆

品种特征　淡蓝色的重瓣品种，有时根据气温会变成淡紫色。花瓣尖长形，非常清秀，丝毫感觉不到重瓣品种的臃肿感。适应性好，可以盆栽，也可以地栽。

PART 5

常见铁线莲品种名录

红星
C. 'Red Star'

花色　深红色，背后绿
色
花形　重瓣
系统　早花大花
修剪　二类
高度　1~1.5 米
难度系数　☆☆

品种特征　非常好看的红色重瓣品种，花瓣细，有时会翻卷，外层花瓣脱落后留下一个红色绒球，可以保持很长时间。植株矮，开花位置也低，非常适合盆栽。

斯利
C. 'Thyrislund'

花色　淡蓝色中间有白
色中线，边缘带波浪
花形　重瓣
系统　早花大花
修剪　二类
高度　2~3 米
难度系数　☆☆

品种特征　花瓣边缘有小波浪花边，花色是淡雅秀丽的蓝色，中间白色中线，极具时尚感，是近年来少有的美品。秋季花是单瓣。适合攀爬栅栏、网格和小拱门，也可以盆栽牵引到塔架上。

特别耐热的10种
铁线莲
Tiexianlian

东方晨曲
C. 'Ernest Markham'

花色 紫红色
花形 单瓣，大花
系统 杰克曼
修剪 三类
高度 2~3 米
难度系数 ☆

品种特征 花色紫红，花朵在杰克曼系里属于大花。花期很长，从 5 月开到 10 月，炎热的夏天也会开花。除了顶部，下面数节也会开花，花量很大。适合用作花墙，或是攀爬拱门。喜光，喜肥，耐寒和耐热性都很好，是非常强健的品种。

如古
C. 'Roguchi'

花色 深蓝色
花形 铃铛形
系统 全缘叶
修剪 三类
高度 1~1.5 米
难度系数 ☆

品种特征 著名的蓝铃铛，花期 6~9 月，强健，植株繁茂，大苗经常会爆笋爆到主人头疼。喜光、喜肥，非常丰花，尤其是大苗后，枝条众多，花量巨大。是非常适合新手的铁线莲品种。

朱卡
C. 'Julka'

花色　紫色带红色条纹
花形　单瓣，中花
系统　杰克曼
修剪　三类
高度　2~2.5 米
难度系数　☆

品种特征　紫色带有红色条纹，盛夏条纹会不明显，花瓣也变得更细长。非常耐热，夏季也一直盛开，强健，不容易枯萎，可以在庭院进行粗放型管理。

斯佳丽
C. texensis 'Scarlet'

花色　正红色
花形　收口铃铛，下开
系统　得克萨斯系
修剪　三类
高度　3~4 米
难度系数　☆☆

品种特征　铁线莲花中最红的颜色。颜色纯正，没有杂色，花量大。据说是得克萨斯原生铁线莲的选拔种，扦插难，价钱也是居高不下。

玛瑟琳娜
C. 'Marcelina'

花色　紫色
花形　单瓣，大花
系统　杰克曼
修剪　三类
高度　2~2.5 米
难度系数　☆

品种特征　深紫花色，花色和光照对花色深浅影响很大。白色雄蕊，紫红色花，单瓣，边缘轻微皱褶，深色和'紫云'很相似，但是'玛瑟琳娜'花瓣中间颜色更深，有中线，花型中等。'玛瑟琳娜'是近几年比较流行的深色品种，非常适合搭配花期相近的浅色小铁或是其他浅色草花。

查尔斯王子
C. 'Prince Charles'

花色　淡蓝色
花形　单瓣，6 瓣花，
翻卷
系统　南欧系
修剪　三类
高度　2~3 米
难度系数　☆

品种特征　淡蓝色花朵，黄色花蕊，花 6~10 厘米，花瓣常向后翻卷。耐热，盛夏也能够大量开花，清凉的颜色非常适合用来装点夏日的阳台或花园。另有一款白色'查尔斯王子'，颜色是接近白色的淡紫。

阿尔巴尼公爵
C. 'Duchess of Albany'

花色　淡粉色
花形　郁金香形，横开
系统　得克萨斯系
修剪　三类
高度　3~4 米
难度系数　☆

品种特征　得克萨斯系里特别美丽的一款，与艳丽的'戴安娜王妃'不同，'阿尔巴尼公爵'虽然也是郁金香形，但是颜色是柔美的淡粉红色。性质强健，耐热，适合南方地区，地栽或者大容器种植均可。

多蓝
C. 'Multi Blue'

花色　深蓝色
花形　重瓣，花心针形
或小碎瓣形
系统　早花大花
修剪　二类
高度　2~2.5 米
难度系数　☆☆

品种特征　是总统的一个芽变品种，花径 8~13 厘米，中到大花。株型紧凑，适合盆栽。适应型强，不易枯萎，地栽表现也很好，值得推荐。

哈洛卡尔
C. 'Harlow Carr'

花色　深蓝色
花形　四瓣，十字形
系统　全缘叶
修剪　三类
高度　1~1.5 米
难度系数　☆

品种特征　很有贵族气质的深蓝紫色。花瓣 4-5 瓣，经常开成小十字星，非常独特。是全缘组与 F 系组杂交品种，皮实，耐热，除了花后和冬季的齐地修剪，几乎不需要管理。

如梦
C. 'Hagley Hybrid'

花色　粉紫色
花形　单瓣，大花
系统　杰克曼
修剪　三类
高度　2~3 米
难度系数　☆

品种特征　粉色系里著名的品种，粉紫色花朵，花瓣顶端比较尖，花瓣很有质感。耐热，抗性佳，花量充沛，非常强健，不易枯萎，适应性强，适合新手种植。

特别适合小阳台的12种

铁线莲

Tiexianlian

精灵
C. 'Fay'

花色　淡紫色，内部白色

花形　铃铛，侧开

系统　铃铛系

修剪　三类

高度　2~3 米

难度系数　☆

品种特征　淡紫色花朵，里面是白色，对比明显又不失柔美，尺寸在铃铛铁里属于大号，花量大，节节开花，初开位置低，也适合盆栽。花期 5~10 月，比普通铃铛开花更早，观赏时间长。

哦啦啦
C. 'Ooh la la'

花色　粉色带条纹

花形　单瓣

系统　园艺大道系

修剪　三类

高度　1 米

难度系数　☆☆

品种特征　艾维森大道系列的品种，这个系列需三类修剪，适合盆栽。粉色带深粉色条纹，条纹的深浅和光照、气温有很大的关系。花期 5~10 月，修剪后秋天会复花。

塞尚
C. 'Cezanne'

花色　淡蓝色
花形　单瓣
系统　园艺大道系
修剪　三类
高度　1 米
难度系数　☆☆

品种特征　艾维森大道系列的品种，天空蓝，大道矮生品种，合适盆栽用小支架牵引。株型紧凑，丰花，春季到夏天一直不断开放。阳台族必备。

阿拉贝拉
C. 'Arabella'

花色　淡蓝色
花形　中小花
系统　全缘叶
修剪　三类
高度　0.5~1.5 米
难度系数　☆☆

品种特征　极其上镜的一款铁线莲，蓝色，白色花蕊，花朵小，直径9厘米。花量大，群开时非常美丽。直立铁，不攀爬，适合全日照。可做地被。冬季重剪，充分施肥，来年会爆出大量新枝，开花也非常壮观。

凯特王妃
C. 'Princess Kate'

花色　白色，背面紫红色

花形　郁金香形，横开

系统　得克萨斯系

修剪　三类

高度　3~4 米

难度系数　☆

品种特征　郁金香花形的新品种，花朵背面是玫瑰紫色条纹，内部白色，比'戴安娜王妃'更精致秀气，特别适合从背面拍照。其余特征与'戴安娜王妃'近似。

美好回忆 / 最美的回忆
C. 'Fond Memories'

花色　淡粉带红边

花形　单瓣，大花

系统　佛罗里达

修剪　三类

高度　1.5~3 米

难度系数　☆☆

品种特征　很亮眼的品种，花色的白红对比极美。粉白色大花，花瓣边缘带紫红色晕边。日本培育，也是该国最受欢迎的品种之一，和多数 F 系一样，保持半常绿状态，在寒冷地区冬季需要保护过冬。它的亲本'幻紫'通常是不育的，但是很少数情况也会结籽。这个品种就是从这样的种子中选育出来的。耐半阴。

小鸭 / 彩锦
Piilu

花色　粉色带紫红色条
纹
花形　单瓣，卷边，小
型花
系统　早花大花
修剪　二类
高度　1.5~2.5 米
难度系数　☆

品种特征　非常丰花，3 年后的大苗效果更明显。花朵直径 7~10 厘米，比较小型，带有轻微的花边，非常可爱。花期 5~7 月，秋天还有一茬。喜肥，喜阳，强健，属于二类中不易枯萎的一个品种。开花位置低，株型紧凑，适合盆栽。

H.F．杨
C. 'H.F.Young'

花色　蓝色
花形　单瓣，圆形
系统　早花大花
修剪　二类
高度　2~2.5 米
难度系数　☆

品种特征　大花，花径 10~18 厘米。清澈的海蓝色，单瓣，偶尔也能开出半重瓣。喜光，也耐半阴。长势快，性质强健，适合盆栽盘绕在塔形支架上欣赏。

皮特里 / 小精灵

花色　黄绿色
花形　单瓣，小花
系统　常绿
修剪　一类
高度　2 米
难度系数　☆☆☆

品种特征　性质和'早之春''银币'差不多，叶子分裂更细。花色偏绿。早春开花，没有秋花。
需低温春化，春化不够不开花，不耐大肥。冬季在北方需要保护。

丹尼尔·德隆达

C. 'Daniel Deronda'

花色　蓝色
花形　单瓣，大花
系统　早花大花
修剪　二类
高度　2~2.5 米
难度系数　☆☆

品种特征　蓝紫色大花，单瓣，中心花蕊明黄色，非常醒目。在蓝紫色品种里也属于大花型，春季
开放时十分美丽。强健，好养，曾获得英国皇家园艺协会金奖。

更多选择更多精彩的

铁线莲

Tiexianlian

安吉拉
C. 'Angela'

花色　白色红条纹
花形　大花，宽瓣
系统　早花大花
修剪　二类
高度　2~2.5 米
难度系数　☆☆

品种特征　白色中心带有红色条纹，条纹宽度会改变，宽圆形花瓣给人俏丽柔美的感觉。花量大，开花多，植株强健，尤其在整个二类铁线莲里属于强健的一类。

吉利安刀片
C. 'GillianBlades'

花色　白色到淡冰蓝色
花形　大花，边缘卷曲
系统　早花大花
修剪　二类
高度　1~1.5 米
难度系数　☆☆

品种特征　极淡的浅蓝色，有冰清玉洁的感觉。花大，边缘卷曲，质地也厚，非常有力度感的一款。开花性很好，在春季首次开花后只要修剪就会不断开花。但随着天气变热，花数会减少，尺寸也慢慢缩减。强健，很少生病。

卡西斯
C. 'Cassis'

花色　蓝紫色
花形　小，半重瓣
系统　佛罗里达
修剪　三类
高度　1~1.5 米
难度系数　☆☆☆

品种特征　和幻紫、小绿一样同属于佛罗里达系的小花品种，叶子也十分相似，花小，半重瓣，深紫色，有时会褪色到少许发白。充满神秘色彩的花色，开花性好，特别是春季大量开花。管理可参照幻紫。

蓝鸟
C. 'Blue Bird'

花色　蓝紫色
花形　重瓣
系统　长瓣
修剪　一类
高度　1.5~2.5 米
难度系数　☆☆☆

品种特征　长瓣铁线莲原生于高山地区，耐热性和耐湿性都稍弱。需要颗粒较多的基质栽培，同时最好用红陶盆或瓦盆，夏季放在半阴处管理

蓝色河流
C. 'Blue River'

花色　蓝紫色
花形　单瓣
系统　全缘叶
修剪　三类
高度　1~1.5 米
难度系数　☆☆☆

品种特征　淡蓝色，河流系列中的代表品种，直立性好，花小，6 瓣居多，中心雄蕊很明显。单朵娇小秀气，大量开放时十分动人。是近几年的人气品种。

蒙大拿鲁本斯
C. montana var. *rubens*

花色　粉色
花形　单瓣
系统　蒙大拿
修剪　一类
高度　5 米
难度系数　☆☆☆☆

品种特征　铁线莲原生品种蒙大拿的选育种，粉色小花，四瓣，适合寒冷地区，特别是寒冷湿润的地方。春季大量开放，可以形成壮美的花墙，但是在我国大部分地区都达不到这样的条件。一般栽培可以用陶盆＋颗粒基质，夏季遮阴避雨，避免烂根。

小美人鱼
C. 'Little Mermaid'

花色　粉色
花形　单瓣，圆瓣
系统　早花大花
修剪　二类
高度　2 米
难度系数　☆☆☆

品种特征　小美人鱼是非常著名的一款铁线莲，粉色带有鲑鱼红，花形中等，花瓣角度圆润，整体观感可爱。但是栽培稍有难度，特别是在夏季的炎热地区，需要遮阴避雨，避免枯萎。冬季要给予足够寒冷，才能开出标准的花来。

萌

花色　淡蓝紫色
花形　单瓣
系统　早花大花
修剪　二类
高度　2 米
难度系数　☆☆

品种特征　淡蓝紫色，花中等大小，花瓣宽，中心有稍微变浅的浅色中纹，多花，春季大量开放，高雅迷人。

阿柳
C. 'Alionushka'

花色　粉红色
花形　单瓣，下垂
系统　全缘叶
修剪　三类
高度　1~2 米
难度系数　☆

品种特征　直立型铁线莲中的著名品种，玫瑰粉色喇叭花倒挂开放，有时边缘还有扭曲，好像一条条悬挂的彩带。强健，不易枯萎，直立生长，只需要简单支撑。

美佐世
C. 'Misayo'

花色　蓝色，条纹
花形　大花条纹
系统　早花大花
修剪　二类
高度　1.5~2 米
难度系数　☆☆

品种特征　近年来十分热门的大花条纹品种，蓝色，中间带有宽幅的白色中纹，边缘稍卷曲。花朵大，花瓣柔软，有时会有些下垂。第二茬花以后尺寸变小，更有观赏性。

冰蓝
C. 'Ice Blue'

花色　淡蓝色
花形　大花
系统　早花大花
修剪　二类
高度　1.5~2 米
难度系数　☆☆

品种特征　浅淡的蓝色，有透过冰层的海水之美。花大，春季大量开放，开花后如果放在略有半阴的地方花色会发色更美，花朵持久性也更佳。后期会褪色到白色。

波旁王朝
C. 'Bourbon'

花色　紫红色
花形　大花条纹
系统　早花大花
修剪　二类
高度　2~2.5 米
难度系数　☆☆

品种特征　浓郁的紫红色大花，中心带有淡红色中纹，花色艳丽夺目，无论种植在何处都是明星般的存在。开花性好，可以盆栽。

白色宝贝
C. 'White Baby'

花色　白色
花形　小花
系统　全缘叶
修剪　三类
高度　1~2 米
难度系数　☆☆

品种特征　全缘叶铁线莲的新品，白色铃铛，倒垂开放，花虽然不大，但是独特的形状和清纯的颜色令人耳目一新。形状比传统品种'哈库里'更加端正紧凑。

埃达
C. 'Edda'

花色　紫色
花形　单瓣，中纹
系统　早花大花
修剪　二类
高度　1 米
难度系数　☆☆

品种特征　大道铁线莲系列中的一个品种，紫色，带有红色中纹，雄蕊也是美丽的棕红色，搭配得十分和谐。大道铁线莲整体不高，适合盆栽，本品高度只有 1 米，特别适合阳台和小花园。

白王冠
C. 'Hakuokan'

花色　蓝紫色
花形　单瓣
系统　早花大花
修剪　二类
高度　1.5~2 米
难度系数　☆☆

品种特征　深蓝色花瓣中心是明黄色雄蕊，雄蕊长而醒目，好像风车一般。日本品种，极有特色。初期成长较慢，慢慢培育长成大株后就会开出大量的花朵。

皇室
C. 'Royalty'

花色　蓝紫色
花形　重瓣
系统　早花大花
修剪　二类
高度　1.5~2 米
难度系数　☆☆

品种特征　深紫色，半重瓣到重瓣，中间的花瓣较小，看起来层次分明，很有个性。颜色浓郁高贵，不愧王室之名。大部分时候植株高度只有 1 米，适合盆栽和阳台。1993 年曾获得英国皇家园艺协会金奖。

吉塞拉
C. 'Giselle'

花色　紫粉色
花形　单瓣
系统　晚花大花
修剪　三类
高度　1.5~2 米
难度系数　☆☆

品种特征　吉塞拉在 2013 年的切尔西花展问世，当即受到很大欢迎。轻柔的粉紫色花，尖形花瓣，可以持续在夏季开放。耐热，不易枯萎，花色随着时日会渐渐褪色成淡粉色，与深色雄蕊的对比同样十分迷人。

弗勒里
C. 'Fleuri'

花色　紫色
花形　单瓣
系统　早花大花
修剪　二类
高度　1~1.2 米
难度系数　☆☆

品种特征　埃维森品种，深紫色，非常适合在全阳处栽培，和淡色的其它灌木例如月季一起栽培将有最佳的效果，此外和银色叶子色彩叶树种也十分和谐。株高在 1 米左右，很适合盆栽和阳台。

拉芙蕾女爵
Countess of Lovelace

花色　淡蓝紫色
花形　重瓣
系统　早花大花
修剪　二类
高度　2~2.5 米
难度系数　☆☆

品种特征　又名拉芙蕾女伯爵。传统品种，历经多年依然广受好评。淡蓝紫色，大花重瓣，春季的重瓣效果较好，后期就会开出单瓣花来。颜色清爽优雅，植株紧凑，也适合盆栽。

花火
Solidarnose

花色　暗红色
花形　单瓣
系统　早花大花
修剪　二类
高度　2~2.5 米
难度系数　☆☆

品种特征　暗红色大花，继瑞贝卡、东方晨曲之后又一惊艳的红色品种。初开时颜色鲜艳，随着开放慢慢变淡。经过修剪可以反复开花。

路易罗维

花色　淡蓝色
花形　单瓣 或重瓣
系统　早花大花
修剪　二类
高度　1.5~2.5 米
难度系数　☆☆

品种特征　淡蓝色大花，质地柔软又有光泽，好像绸缎一般，有时会下垂。早春第一季花会开出重瓣，之后会开单瓣。花瓣中心乳白色，搭配艳黄色雄蕊，非常娇艳动人。

洛克克拉
Roko kolla

花色　白色
花形　单瓣
系统　晚花大花
修剪　三类
高度　2.5~3.5 米
难度系数　☆

品种特征　三类铁线莲中难得的白色大花，花瓣尖形，清秀可爱，非常适合种植在花园里搭配其它树木，有瞬间提亮背景的效果。

中提琴
Viola

花色　深紫色
花形　单瓣
系统　晚花大花
修剪　三类
高度　2.5~3.5 米
难度系数　☆

品种特征　非常有人气的传统品种，深葡萄紫色，中心雄蕊黄色，对比鲜明。开花量大，持续整个夏天，非常耐热，几乎不用管理。和上文的洛克克拉搭配非常不错。

紫紫丸
Shishimaru

花色　深紫色
花形　重瓣
系统　佛罗里达
修剪　三类
高度　2~2.5 米
难度系数　☆☆☆

品种特征　日本品种，初推出时起就深受追捧。紫色重瓣，浓郁深邃，十分动人。和幻紫同属佛罗里达系统，习性也接近。初期性质稍弱，养成大株后就比较强健，也不易枯萎了。

塞拉菲娜
Seraphine

花色　淡紫色
花形　单瓣
系统　早花大花
修剪　二类
高度　1.5~2 米
难度系数　☆

品种特征　优雅的淡紫色，中心是白色中纹，花瓣间有较宽的间距，看起来更加清秀。花瓣质感光润，带有丝绸般的光泽，大量开放十分动人。

薇安
Vyvyan Pennell

花色　蓝色
花形　重瓣
系统　早花大花
修剪　二类
高度　1.5~2.5 米
难度系数

品种特征　深受喜爱的传统品种。略带紫色的蓝色花，春季是华丽的多层重瓣，之后会开出单瓣花，适合盆栽，缠绕在塔架或小栅栏上都有不错的效果。

玩具娃娃
Baby Doll

花色　白色
花形　单瓣，小花
系统　晚花大花
修剪　三类
高度　1~2 米
难度系数

品种特征　小花型，基本是白色花，边缘略带清爽的蓝色边纹，质地厚软，有丝质光泽。花形娇小，花量大，如同名字一般可爱，是一个很适合盆栽的品种。

伊凡奥尔森
Ivan Olsson

花色　白 ~ 淡蓝色
花形　单瓣，大花
系统　早花大花系
修剪　二类
高度　2~2.5 米
难度系数

品种特征　瑞典品种，历史悠久，白色花朵带有淡蓝色花边，非常清秀。大花，花瓣也宽，集群开放很有气势。也适合盆栽。

樱姬
Sakurahime

花色　淡粉色
花形　单瓣
系统　早花大花系
修剪　二类
高度　1.5~2.5 米
难度系数

品种特征　接近白色的淡粉紫色，柔弱娇媚，富有东方美。花瓣细长，持久性好，如果放在能遮蔽强烈日照的地方会更加美丽。花中型，比普通大花略小，开花位置较低，适合与其它植物搭配。

樱桃唇
Cherry Lips

花色　深粉红色
花形　铃铛
系统　得克萨斯系
修剪　三类
高度　2~3.5 米
难度系数

品种特征　铃铛铁中的新品，深粉红色，小铃铛花。整体这个系统都很耐热，夏季不需要特别担心，而且也很少枯萎病。适合盆栽和小庭院。

永恒的爱
Grazyna

花色　淡粉色
花形　单瓣
系统　早花大花系
修剪　二类
高度　1.5~2.5 米
难度系数

品种特征　又名格瑞纳，淡粉色花，中间有紫红色条纹，宽度恰到好处的花瓣和纤细的中纹对比，极其动人。和其它大花铁一样，耐热性稍弱，夏季最好修剪过夏。

最好的祝福
Best Wishes

花色　淡紫色，雾状喷点
花形　单瓣
系统　佛罗里达系
修剪　三类
高度　2~3.5 米
难度系数

品种特征　花朵大小和佛罗里达的幻紫相似，单瓣，紫罗兰色，雾状密集喷点，整体上色效果非常奇特。初开颜色较为鲜艳，后期慢慢变成旧旧的灰紫色。本品初看不是太起眼，但是细看十分有品位。搭配得当更是可以实现别具一格的效果。

原生种
铁线莲
Tiexianlian

　　中国是铁线莲的故乡，目前大多数的园艺品种——早花大花铁线莲、晚花大花铁线莲、佛罗里达系铁线莲都有着中国野生铁线莲的血统。中国植物志上记载的铁线莲有108种，尤其以西南地区为多。

　　所以，当我们到野外徒步或是旅游时，时常会发现一些野生铁线莲，它们有的攀爬在树木或是岩石上，有的垂吊在高高的悬崖下，还有的直立品种悄悄地隐藏在草丛中。下面我们就来看看一些常见的野生铁线莲品种，不过需要注意的是，这些铁线莲未经驯化，并不适合家庭种植，同时野生植物和生态珍贵脆弱，需要我们关心爱护，切忌盗采盗挖，这是违反法律的行为。

铁线莲本种
Clematis florida

产地 湖南、江西、安
徽、广西等
花期 5 月

品种特征 花大，白色，花蕊黑色，这个品种是弗罗里达系铁线莲的原种。在 5 月份的江南一带山间，常常可以看到它的身影。

屏东铁线莲
Clematis akoensis

产地 台湾
花期 原生地为 11 月
至次年 2 月，栽培 2~5
月

品种特征 叶子肉质，花也是较厚的肉质花瓣，白色，紫色雄蕊。冬季不能耐受寒冷，最好保证在零上 5℃。

长瓣铁线莲
Clematis macropetala

花期　5~6月
产地　华北、西北各省的山区

品种特征　一至二回三出复叶。花单生，由前一年生枝的腋芽中生出。花萼钟状。外轮雄蕊变态呈花瓣状。雄蕊被毛。瘦果有羽毛状宿存花柱。在华北和西北各省的山区林下常见，也有白色花的变种。

辣蓼铁线莲
Clematis terniflora var. mandshurica

产地　分布于我国山西、辽宁、吉林、黑龙江、内蒙古。朝鲜、蒙古、俄罗斯西伯利亚东部也有分布
花期　6~8月开花，7~9月结果

品种特征　高大藤本，可以蔓延到10米左右，叶子和圆锥铁线莲类似，花白色，小花集群开放。

黄花铁线莲
Clematis intricate

产地 青海东部、甘肃、陕西、山西、河北、辽宁，生于山坡、路旁或灌丛中

花期 6～7月开花，8～9月结果

品种特征 草质藤本。茎纤细，多分枝，一至二回羽状复叶，披针形或狭卵形；萼片4，黄色，好像铃铛一样。

半钟铁线莲
Clematis ochotensis

产地 分布于我国山西、河北、吉林及黑龙江省。日本、俄罗斯远东地区也有分布

花期 5～6月开花，7～8月结果

品种特征 生于海拔600~1200米的山谷、林边及灌丛中。小叶片窄卵状披针形至卵状椭圆形，顶端钝尖，上部边缘有粗牙齿，花单生于当年生枝顶，钟状，萼片淡蓝色，长方椭圆形至狭倒卵形，有些像长瓣铁线莲，但是中间没有多层的花瓣。

芹叶铁线莲
Clematis aethusifolia

产地 分布于我国青海东部、甘肃、宁夏、陕西、山西、河北、内蒙古。生于山坡及水沟边

花期 7～8月开花，9月结果

品种特征 幼时直立，以后匍伏，长0.5~4米。叶子细裂，好像芹菜叶，花铃铛形，黄色到白色，小花。

短柱铁线莲
Clematis cadmia

产地 分布于我国江西北部、安徽南部、浙江北部及江苏南部。生于溪边、路边的草丛中，喜阴湿环境。越南、印度也有分布

花期 5月

品种特征 花淡蓝色，多花，花圆瓣，植株也很细小。本品是南方原产，耐热性很好，耐寒性也不错，属于原生铁线莲中较早被引种，也是得到广泛栽培的一品。

圆锥铁线莲

Clematis terniflora

产地 在我国分布于陕西、安徽、浙江等中部、东部省份。生于海拔400米以下的山地、丘陵的林边或路旁草丛中。朝鲜、日本也有分布

花期 花期 6~8月，果期 8~11 月

品种特征 一回羽状复叶,通常5小叶,有时7或3,小叶片狭卵形至宽卵形,顶端钝或锐尖,基部圆形、浅心形或为楔形,全缘。圆锥状聚伞花序腋生或顶生,多花,花直径 1.5 3 厘米 ; 萼片通常 4, 开展,白色,有芳香。

甘青铁线莲

Clematis tangutica

产地 分布于我国新疆、西藏、四川、青海、甘肃等省份。生于高原草地或灌丛中

花期 6~8 月

品种特征 一回羽状复叶，有 5~7 小叶；花单生，有时为单聚伞花序，萼片 4，黄色外面带紫色，本品喜干燥寒冷环境，不耐湿热，在国外有园艺品种，国内因为气候原因尚无栽培。

蒙大拿 / 绣球藤
Clematis montana

产地 西南部各省，东部、中部山区也有

花期 4～6 月开花，7～9 月结果

品种特征 木质藤本。三出复叶，数叶与花簇生，小叶片卵形、宽卵形至椭圆形，边缘缺刻状锯齿。花 1~6 朵与叶簇生，直径 3~5 厘米；萼片 4，开展，白色或外面带淡红色，长 1.5~2.5 厘米。

美花铁线莲
Clematis potaninii

产地 西藏东部、云南、四川、甘肃南部及陕西南部。生于山坡或山谷林下或林边

花期 6～8 月开花，8～10 月结果

品种特征 藤本，茎上部小叶片薄纸质，倒卵状椭圆形，花单生或聚伞花序，萼片白色，6 片，在原生铁线莲中属于大型花，本品虽然美丽，但是因为气候原因很难引种。

单叶铁线莲

Clematis henryi

产地 分布于云南、四
川、广东、安徽、浙江
等省。生于溪边、山谷、
阴湿的坡地、林下及灌
丛中，缠绕于树上
花期 11～12月开花，
翌年3～4月结果

品种特征 木质藤本，主根下部膨大成瘤状或地瓜状。叶片卵状披针形，长10~15厘米，绿色革质，聚伞花序腋生，常只有1花，稀有2~5花，花钟状，直径2~2.5厘米；萼片4枚，较肥厚，白色或淡黄色，卵圆形或长方卵圆形。本品有园艺种'冬日丽人'。

棉团铁线莲

Clematis hexapetala

产地 分布于东北及内
蒙古等地。生于干旱山
坡、山坡草地或固定沙
丘
花期 6～8月开花，
7～10月结果

品种特征 多年生直立草本，高可达100多厘米。老枝圆柱形，叶片近革质绿色，单叶至复叶，花序顶生，圆锥状聚伞花序，花单生，萼片白色，花蕾时象棉花球，因而得名。

图书在版编目（CIP）数据

铁线莲初学者手册/花园实验室等著. —北京 ：
中国农业出版社，2018.2
　（扫码看视频. 种花新手系列）
　ISBN 978-7-109-23826-8

　Ⅰ．①铁… Ⅱ．①花… Ⅲ．①攀缘植物－观赏园艺－
手册 Ⅳ．①S687.3-62

　中国版本图书馆CIP数据核字(2018)第001600号

中国农业出版社出版
（北京市朝阳区麦子店街18号楼）
（邮政编码 100125）
责任编辑　郭晨茜　孟令洋

北京中科印刷有限公司印刷　　新华书店北京发行所发行
2018年2月第1版　　2018年2月北京第1次印刷

开本：700mm×1000mm　1/16　　印张：10
字数：250千字
定价：49.00 元
（凡本版图书出现印刷、装订错误，请向出版社发行部调换）